Mythos Berge

Veronika Straaß
Claus-Peter Lieckfeld

Mythos Berge

Götter, Gipfel und Geschichten

blv

Inhalt

Pflanzen am Berg *98*

Von Pfaden, Pässen und Schienen *110*

Der Drang nach oben – Alpinismus *126*

Der Berg rief und viele kamen – Alpentourismus *150*

Die Kunst versetzt Berge *162*

Berge sind Ansichtssache

Berge waren immer schon bevorzugte Wohnsitze der Götter. Aber sie galten auch als Orte, an denen Unheil lauert und sich böse Geister aufhalten, wenn nicht gar der Fürst der Finsternis selbst.

Berge konnten »bergen«, das heißt die Menschen verbargen sich bei Gefahr für Leib und Leben in Fluchtburgen; aber Gebirge konnten auch Räuberbanden oder feindliche Heere verbergen und ihnen den Vorteil des Überraschungsmomentes zuspielen.

Kein Wunder also, dass Berge auch umgangssprachlich sehr willkürlich über das ganze Gut-Böse-Spektrum hin und her geschoben wurden. Sie sind relativ. Und weil diese Zeilen im Einsteinjahr 2005 geschrieben werden, dem 100-jährigen Jubiläum der Relativitätstheorie, auch zum Thema »Berg und Relativität« ein passendes Geniewort. Einstein soll auf die Frage, ob er nicht mit seiner neuen Physik die Gipfel der alten gestürzt hätte, sinngemäß gesagt haben: Keineswegs, von der neuen Erkenntnishöhe sähe man erst wie relativ hoch die alten Gipfel seien, etwa der Peak Newton, das Maß aller Dinge vor der Erkenntnis, dass Zeit und Raum relativ sind. Die Relativität von Höhe lässt sich aber auch vergleichsweise »platt« betrachten. Das fängt schon damit an, dass eine so gut wie ebene Landschaft in Niedersachsen durchaus »Dammer Berge« (bis zu 146 Metern über Meereshöhe) heißen kann. Und mein Hausberg, der Wilseder Berg, überragt in einer Hinsicht viele Alpen-Viertausender: Der Heidehügel südwestlich von Hamburg ist mit seinen 169 Metern der höchste Berg im Umkreis von 100 Kilometern. Das kann in den Alpen lange nicht jeder Felsriese von sich sagen.

Die verschiedenen Definitionen, ab wann eine Erhebung aufhört Hügel zu sein und anfängt Berg zu werden, wirken alle willkürlich und angreifbar. Mit der Höhe allein kommt man nicht weiter. Die Gletscher, die sich spektakulär in die Magellanstraße schieben, wirken wie gigantische Eisriesen, aber gemessen an Himalaja-Gipfeleiswelten sind sie mit ihren paar hundert Metern über NN eher natürliche Flachbauten.

Es waren keineswegs nur die auffällig hohen Berge, die sich als besonders fruchtbares Terrain für Mythenwachstum erwiesen. Der Kailas steht im Himalaja nicht in der Reihe der Übergrößen, aber er ist wohl der heiligste Berg überhaupt, zumindest wenn man multireligiöse Pilgerströme auszählen würde; der legendäre Kyffhäuser ist keine herausragende Gestalt in der Kategorie Mittelgebirge, aber einer der mythenschwangersten seiner Art; und was Jesus bei seiner Bergpredigt unter den Füßen hatte, war wohl gerade mal ein Hügelchen, wiewohl der wichtigste Stein zum Anstoß positiver Utopien.

Kleinheit tut dem jeweiligen Berg und seinem Mythos keinen Abbruch. Ihre Größe bemisst sich nicht nur in Metern – und auch wenn man sie »hart wie Stein« nennt, ist das eine relativ bröckelige Aussage: Die unterschiedlichen Härtegrade verschiedenster Gesteine bieten der Erosion großen oder kleinen Widerstand.

Es hat lange gedauert, ehe Menschen für die verschiedenen Ansichten von aufgefaltetem Stein und gefrorenem Wasser ein positives ästhetisches Empfinden entwickelten. Hochgebirge galten bis weit in die Neuzeit als hässlich und grässlich. Kein Wunder. So lange man Gesundheit und Leben riskierte, wenn man Grate und Pässe überschreiten wollte (richtiger: musste, denn kaum einer tat das freiwillig), war für Landschaftsschwärmerei wahrlich kein Platz. So betrachtet haben die Straßen – heute in ihrem Übermaß als Schnittwunden im Gebirge ein Ärgernis für jeden Naturfreund – erst die Reise zu einer neuen Sicht von Natur und Bergschönheit ermöglicht.

Maler haben das Gebirge dämonisiert, romantisch verklärt und erklärt, Dichter haben sich an Gipfeln berauscht, Philosophen den Extrakt des Menschseins in der Direttissima gesucht. Gerade von Letzteren, den Nietzsches und anderen, spürt man etwas – wenngleich in erheblicher Verdünnungspotenz –, wenn Extrembergsteiger von ihren Grenzerfahrungen berichten: Sieg über sich selbst, atmen, wo man eigentlich nicht mehr atmen kann, dorthin steigen, wo alle Steige enden. Jeder Gipfelsieger ein kleiner Übermensch/Zarathustra. Und der innere Schweinehund wird an Extrembergen und an jedem beliebigen Hausberg ritualgeschlachtet.

Aber seltsam: Die ununterbrochenen »Eroberungen« (häufig klirren Bergberichte von Kriegsmetaphern) unserer Tage, in Halbschuhen, Bergstiefeln, Skistiefeln, unter Flughäuten oder in Ballongondeln, haben die Berge zwar profanisiert, den Mythos aber nicht abgeschliffen. Berge haben für uns immer noch etwas Erhebendes, auch wenn sie vielerorts zu Turngeräten und Rummelplätzen degradiert worden sind. In einem tiefen oder hohen Sinne sind sie immer noch unbesiegt. Wieso eigentlich?

Wir bezweifeln, dass wir mit diesem Buch darauf eine abschließende Antwort gefunden haben; aber möglicherweise sind wir ein paar Seillängen weiter vorangekommen. Der Leser möge sich bitte einklinken!

Veronika Straaß und Claus-Peter Lieckfeld,
Windach beim Ammersee, im März 2005

יהוה

Wie denn die Berge wurden

Bergeweise Bergmythen. Besonders die Vorstellungen der Menschheit darüber, wie die Welt entstand, hakte sich an Berggipfeln fest. Und das Kulturen übergreifend. In Weltgegenden, die nachweislich über viele Jahrhunderte untereinander keine Verbindung hatten, finden sich ähnliche Vorstellungen: Wohnsitz der Götter, Orte übernatürlicher Wirkung, Verbindungen zwischen Himmel und Erde.

Als Götter Hand anlegten

Ehe denn die Berge wurden, warst du Herr von Ewigkeit zu Ewigkeit …« Für die Autoren des Alten Testaments war der Fall klar: Berge sind gleichbedeutend mit Ewigkeit und Standhaftigkeit.

Sie irrten sich gewaltig. Die Gebirge der Welt sind wankelmütige Haufen. Der Himalaja wächst jährlich um rund 5 Millimeter. Und auch die Alpen sind noch Hochstapler: Pro Jahr recken sie sich um 1 bis 4 Millimeter. Nur weil gleichzeitig Wind, Sand, Regen, Eissprengung und Pflanzenwurzeln an ihren Flanken, Graten und Gipfeln nagen, wird verhindert, dass die Berge in den Himmel wachsen. Unschätzbar viele Kubikmeter Fels sind im Laufe der Jahrmillionen schon verschwunden, wehen heute vielleicht als Saharastaub ins Mittelmeer, tragen Tieflandwälder oder wogende Weizenfelder.

Aber das ist taufrisches Wissen – gemessen an erdgeschichtlichen und sogar an historischen Zeitspannen. Berge waren seit Menschengedenken eine Zumutung. Nicht genug damit,

Was an Ewigkeiten denken lässt, ist oft besonders jung: Hochgebirge tragen noch relativ wenig Nagespuren der Jahrmillionen. Ihre Erosion hat erst begonnen.

dass sie einem den Weg verlegten, sie wollten auch noch erklärt sein. Wozu diese Auswölbungen der Erde? fragte sich die Menschheit. Und vor allem: Wie kam es dazu?

In nordgermanischen Mythen heißt es, die Berge seien aus den Knochen einer Gottheit, eines Riesen oder aus der Schulter der Erdgöttin entstanden. Die Vorstellung, dass Berge zuvor lebende Materie waren, Fleisch und Blut, findet sich weit über die unterschiedlichsten Kulturkreise gestreut. Und die Idee ist leicht nachvollziehbar: Schließlich wird auch der tote Menschenkörper zu Erde.

Eine chinesische Sage erzählt von einem Gott, der vor 18000 Jahren gelebt haben soll: »Sein Kopf teilte sich und wurde zu Sonne und Mond, sein Blut wurde zu den Flüssen und Seen, sein Haar die Pflanzen, seine Knochen die Berge, seine Stimme der Donner, sein Schweiß der Regen, sein Atem der Wind – und seine Flöhe die Vorläufer des Menschen.«, so nachzulesen bei Manfred Poser (»Phantome der Berge«. Freiburg i. Br. 1998).

Eine Fabel der ostafrikanischen Wachagga deutet Berge als die Ergebnisse einer gescheiterten Annäherung ans Göttliche: Am Anfang war die Erde – wie im Übrigen auch in der Bibel berichtet – »öd und leer«. Das gefiel der Erde nicht; sie suchte den Kontakt mit dem Himmel, um in eigener Sache Änderung anzumahnen. Als sie sich wieder zurückzog, wurde sie unterwegs müde und schaffte den Abstieg nicht ganz. Was aber zwischen Himmel und Erde verblieb, waren die Gebirge.

Einem Mythos nordamerikanischer Indianer zufolge entstanden die Berge durch Zwillingsgötter: Der eine Gott war gut, der andere böse. Entsprechend schufen sie gute und böse Berge.

Götterwohnsitz und Schurkenversteck

Die meisten Berg-Schöpfungsmythen haben lokalen Bezug; es geht nicht um die Erklärung des Großphänomens Gebirge, sondern um die Entstehung ganz bestimmter Landschaften – etwa der gebirgigen Insel Sri Lanka: Der indische Göttervogel Garuda hielt ein Jahr lang seine Flügel ausgebreitet, um den Götterberg Meru vor dem Angriff des Windgottes Vayu zu schützen. Vayu errang immerhin einen Teilsieg: Trotz Garudas Bodyguard-Einsatz gelang es ihm, den Berggipfel wegzublasen und ins Meer zu werfen: Sri Lanka war geboren.

Und weil Berge im Volksglauben nicht nur Wohnsitze von Göttern waren, sondern häufiger noch Verstecke finsterer Mächte, traten als ihre Schöpfer bisweilen zwielichtige Gestalten auf: Riesen oder Hexen zum Beispiel. Die schottischen Berge Ben Wyvis und Little Wyvis sollen zum Beispiel aus Felsen entstanden sein, die einer einäugigen Hexe aus der Schürze plumpsten, als sie gerade schwer beladen des Wegs geflogen kam.

Einzelne Felsen werden gerne höheren Mächten zugeordnet, zumal wenn sie eine auffallende Form haben. Besonders große Felsen waren der Legende nach oft die Wurfgeschosse von Riesen oder Hexen. Und das galt sogar für Landschaften, die keine Berge, sondern nur Hügel zu bieten haben. Der nicht mal 100 Meter hohe Heidehügel östlich meines [C. P. L.] nordniedersächsischen Heimatortes Hanstedt, Brunsberg genannt, soll der Sage nach Zeugenberg eines fehlgeschlagenen Racheaktes sein: Als der heidnische Riese Bruns einsehen musste, dass er dem Missionar des Nordens, dem Heiligen Ansgar, nicht gewachsen war und die Hanstedter Hof für Hof dem neuen Glauben zuliefen, schleuderte er einen Stein, der die Abtrünnigen vernichten sollte. Zu kurz. Der Riese Bruns war kräftig, aber er hatte wohl eine schlechte Wurftechnik. Und so entstand der Brunsberg.

Das Gemeindewappen von Hanstedt (Nord-Niedersachsen) zeigt den Riesen Bruns beim Steinewerfen. Aus einem Fehlwurf, der Hanstedt galt, entstand der Brunsberg.

An besonders ungewöhnlich geformten Felsen rieb sich seit jeher die Fantasie. Lange bevor man mit wissenschaftlicher Exaktheit wusste, dass es Versteinerungen gibt, sah man in bestimmten Formationen zu Stein gewordene Helden oder Schurken. Die drei Felsen des 1332 Meter hohen Dreisesselberges bei Freyung im Bayerischen Wald zum Beispiel zeugen vom schlechten Benehmen dreier Jungfrauen, die eine ganze Stadt so übel mit Verwünschungen überzogen hatten, dass sie mit Mann und Maus im Erdboden versank. Der Bayerische Wald ist zwar kein Erdbebengebiet, aber möglicherweise haben die Frauen einen Erdrutsch herbei geredet. Zur Strafe mussten die Unholdinnen auf dem Dreisesselberg so lange einsitzen, bis die Felsen Sesselform angenommen hatten.

Auch in Irland trugen auffällige Steinformationen das Signum von Bösewichtern: Skurril geformte Felsen galten als Sitzplatz der Todesfee, der Banshee. Da es jede Menge davon gibt, muss die Banshee ihre Taten wohl bevorzugt im Sitzen geplant haben.

Wenn es um ganze Gebirgsketten geht, müssen besonders titanische Bilder her. Das gilt exemplarisch für das Atlasgebirge und seinen griechischen Entstehungsmythos: Der Titan Atlas hatte die anderen Titanen in den Kampf gegen die Bewohner des Olymp geführt und wurde deshalb von den Göttern lebenslänglich dazu verdonnert, mit den Füßen im Meer den Himmel auf seinen Schultern zu tragen. Doch als Perseus mit dem abgeschlagenen Kopf der Medusa des Weges kam, führte der grässliche Anblick der Medusa dazu, dass Atlas zu Stein wurde: Das Atlasgebirge war entstanden.

Furchtbar oder furchtbar schön?

Einige Jahrhunderte lang dauerte in Europa die Periode, in der sich der Mensch Schritt für Schritt von der Vorstellung freimachte, überirdische Mächte – gute wie böse – hätten bei der Bergwerdung unmittelbar Hand angelegt. Die Pioniere, die sich allein und ungeschützt in die neue Denkrichtung bewegten (zum Beispiel Francesco Petrarca, Leonardo da Vinci, Conrad Gesner), waren ihrer Zeit um Jahrhunderte voraus. Sie erfuhren die Einsamkeit der Bergpioniere.

Bevor sich ein breites interessiertes Publikum unbehelligt von Kirche und Obrigkeit anschicken konnte, die Entstehung der Berge naturwissenschaftlich zu erörtern, mussten aber noch sehr hoch aufgetürmter Mythen-Abraum und tiefe Tabu-Gräben überwunden werden.

Es lohnt einen kurzen Rückblick, der zeigt, wie kleinschrittig – oft von Zirkelschlüssen, gedanklichen Sackgassen und Rückschritten irritiert – diese Ablösung von archaischen, mythologischen, religiösen Mustern geschah. Viele der frühen »Erklärungen« klingen heute wie: Ein Berg ist ein Berg ist ein Berg. Oder: Ein Berg ist ein großes Ganzes aus viel Gestein.

So schrieb der Geograph und Historiker Johann Conrad Fäsi in seiner »Genauen und vollständigen Staats- und Erd-Beschreibung der ganzen Helvetischen Eidgenoßschaft« (1765–1768), die Schweiz bestehe »aus langen Reihen von Bergen, auf welchen in gar vielen Gegenden noch höhere Berge stehen; nicht selten findet man über diesen zweyten Saz von Bergen noch einen dritten, auf welchem dann erst die unersteiglichen Felsenjoche, als die obersten Gipfel der Berge, folgen«. Der Philosophie- und Pädagogikprofessor Johann Georg Sulzer aus Winterthur fand 1746, man könne die Schweiz als »einen einzigen Berg ansehen, welcher unzählig

Aushilfsarbeit der gigantischen Art: Herkules trägt für Atlas das Himmelsgewölbe; Kupferstich von Hieronymos Cock (1510–1570) nach einer Zeichnung von Frans Floris (1516–1570).

viele Hügel hat«. Und nicht sehr viel erhellender, aber umso anschaulicher fasst Professor Leonhard Meister von der Kunstschule in Zürich zusammen (1782), »einige Alpen ragen gleichsam aus sich selber hervor«.

Eine der ersten Karten der Schweiz, veröffentlicht 1544 in Sebastian Münsters »Cosmography«, lässt schon Bemühungen erkennen, Berggestalten und -ketten richtig zu lokalisieren.

Wenn Wissenschaftler oder Reisende damals über Berge schrieben, beschworen sie im Chor das Grauen vor deren Wildheit. Vokabeln wie »verworren«, »grässlich«, »fürchterlich«, »ungeheuerlich« zogen sich damals ebenso voraussagbar durch zeitgenössische Schilderungen wie »pittoresk«, »überwältigend«, »grandios« durch die heutige Reiseführerlyrik. Kein Wunder also, dass einige Autoren der Aufklärung, die schon früh vom naturwissenschaftlichen Geist angeweht waren, die Brücken zu den alten, vertrauten Modellen intakt zu halten versuchten. So etwa die Vorstellung die bestehende Erde sei aus der Zerstörung einer früher bestehenden, harmonischen Welt hervorgegangen – 1691 veröffentlicht von dem englischen Kleriker Thomas Burnet in seiner »Sacred Theory of the Earth«. Diese früher bestehende Welt habe, so Burnet, keine Berge gehabt und sei (deshalb!) schön gewesen. Erst als der Mensch für seine Sünden bestraft wurde und ihm seine Lebensstellung samt Vollpension im Garten Eden aufgekündigt wurde, ließ Gott die glatte Oberfläche zerbersten, und die kochenden Flüssigkeiten aus dem Inneren quollen heraus.

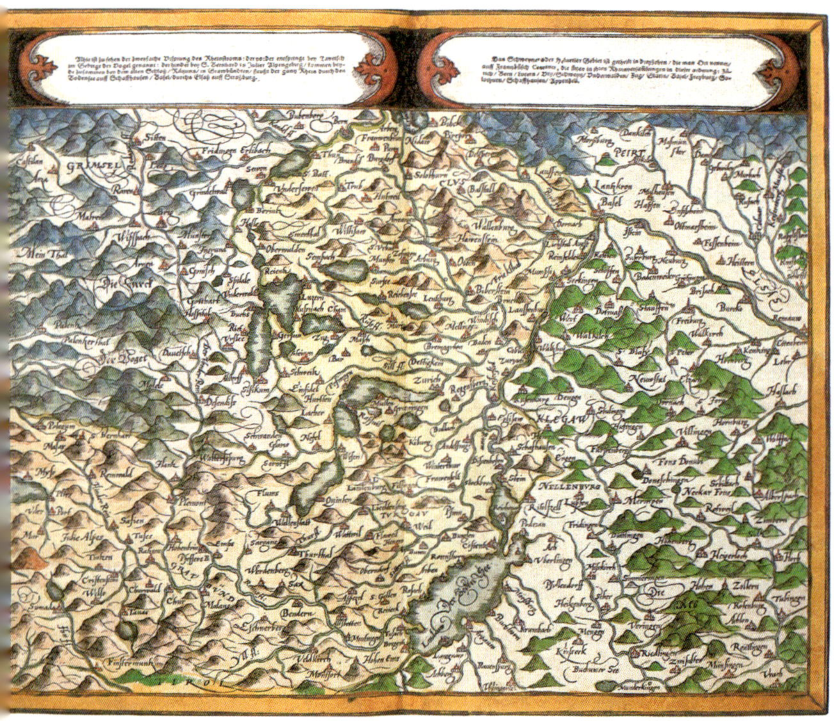

Mit dieser Vorstellung von vulkanischer Gewalt als Bergbildner traf Burnet – obwohl noch ganz im Denken seiner Zeit befangen – die richtige Marschzahl, mit der Forscher erst etliche Generationen später Kurs auf haltbare Erklärungen nahmen.

Johann Jakob Scheuchzer war so einer. Dieser bedeutende Gebirgs- und Naturforscher des 18. Jahrhunderts vertrat eine Theorie über die Entstehung der Alpen, die zwar als widerlegt gelten muss (vgl. S. 51), aber gleichwohl eindrucksvoll den Geist der Aufklärung atmet; Scheuchzer schrieb 1716: »Die eigentliche Zeit, in welcher unsere jetzigen schweizerischen und alle andern Gebirge entstanden, ist die Sündflut. Zu diesen Gedanken führt mich nicht eine

eingebildete Hirn-Grundlehr oder ein in der Natur unbegründetes System, sondern die Natur selbst: die Gestalt der Berge, Abteilung in gewisse, gebrochene Strata oder Lager und in diesen Lagern, ja in den härtesten Felsen eingeschlossen liegende undisputierliche Überbleibsel der Sündflut: Schnecken, Muscheln, Fische, Kräuter etc. [...]. Nachdem aber auf Gottes Befehl gegen dem Ende der Sündflut die oberen Erdlager, gleich als ob es Eierschalen wären gewesen, gebrochen und emporgehoben worden, sind die Berge entstanden und die Täler. Es hat die Erde unzählig viel Spalten bekommen, und sind die Wasser wiederum wie ehemals in der Schöpfung ›gesammelt worden an ein Ort‹ (Gen. I. 9.), nämlich in die Meere und den Abgrund, ›daß es trocken ward‹ und also die Erde in einen bewohnbaren Stand gesetzt worden.«
Die Suche nach Referenzstellen in der Bibel zeigt, dass Scheuchzer – bei aller befreienden Analytik – keinen Bruch mit der Genesis wollte. Er vertrat eine Meinung, die Ende des 17. Jahrhunderts langsam an Boden gewann: Gott arbeitet nicht mit Handkantenschlägen, pustet nicht unbedingt in endloser Einzelarbeit Odem in Lehm, schleudert keine Donnerworte oder dergleichen; er ist Herr der Naturgesetze! Für Scheuchzer blieb es felsenfeste Überzeugung, dass die Alpen genauso gottgewollt und daher segenbringend sind wie alle Gotteswerke: »Es erkenne jederman hieraus die Göttliche All-

Johann Jakob Scheuchzer, Gebirgs- und Naturforscher des 18. Jahrhunderts, lässt Gott bei Gestaltung der Erde nicht mehr mit bloßen Händen, sondern als Nutzer aller Naturkräfte walten.

macht, Weissheit und Güte, welcher hat gefallen wollen unser Schweizerland höher zu setzen, als das übrige Europa, als ein reiches Wasser-Vorrat- und Provianthauss, als eine Zeugmutter der Wolcken und Winden, anbey aber, damit wir Bewohner dieses Europäischen Berg-Gipfels nicht von Kälte und Hunger verdürben, die Thäler mit hohen Bergen also zu unterscheiden, dass diese jenen als Vormauren, jene aber uns zu unserer Nahrung, Erhaltung und Lust, als Gärten, Felder und Wiesen dienen könnten.« Der Weg zu vielen spannenden Fragen war offen: Welche Naturkräfte bewirken wo und wie was bei der Gestaltung der Erdoberfläche?

Wassergeburt oder Feuerschöpfung?

Ein Phänomen des Vulkanismus – Basaltorgeln (Svartifoss, Island) – entschied den viele Jahrzehnte schwelenden Wissenschaftsstreit: Ist die Erde aus dem Feuer oder aus dem Meer geboren worden?

Die Frage, was die Erdoberfläche, und hier besonders die Gebirge, geformt hat, war in der zweiten Hälfte des 18. Jahrhunderts bis ins 19. strittig; die erlauchtesten Geister ihrer Zeit schoben sich ihre Pro und Kontras entgegen. Und auch in aufgeklärten Kreisen, etwa in den beliebten literarischen Salons des späten 18. Jahrhunderts, gehörte es zum guten Ton, sich kenntnisreich als Anhänger der einen oder der anderen Erklärung zu outen. Im Wesentlichen ging es um die Frage, ob die Gebirge »Hervorbringungen« der Meere seien – so sahen es die so genannten »Neptunisten« – oder Schöpfungen vulkanischer Kräfte, von denen man immer mehr lebendige Zeugnisse aus aller Welt erhielt. Die Vertreter des feurigen Denkmodells nannte man »Plutonisten« – nach Pluto, dem Gott der Unterwelt. Der Streit war allerdings nicht *total* dualistisch. Es gab durchaus »Sowohl-als-auch«-Postionen; und im Gebirge traute man der Schubkraft der Gletscher (vgl. S. 54 ff.) schon früh umstürzlerische Dinge zu. Die Neptunisten fühlten sich in ihrer Vorstellung vom gestaltenden Meer unter anderem deshalb bestätigt, weil sich auch im Hochgebirge Muschelfossilien fanden. Was sie sich nicht vorstellen konnten, war, dass ehemaliger Meeresboden durch geotektonische Großbewegungen in die Höhe gehoben wurde.

Eine kleine Ironie der Wissenschaftsgeschichte wollte es, dass ausgerechnet die Basaltorgeln, die von den Neptunisten als steinerne Kronzeugen *ihrer* Position beansprucht wurden (nur das

Meer konnte ihrer Meinung nach etwas derart Ebenmäßiges gestaltet haben), sich bei genauerem Erforschen als vulkanische Schöpfungen erwiesen. Das war in der Wirkung so, als wenn sich ein Entlastungszeuge der Verteidigung als Hauptzeuge der Anklage entpuppt. Die Neptunisten scheiterten schließlich am harten, teuflisch schwarzen Basalt.

Johann Wolfgang von Goethe, bis zum de-facto-Beweis des Gegenteils Anhänger der neptunischen Variante, lässt im 9. Kapitel von »Wilhelm Meisters Wanderjahre« eine Reisegesellschaft am Berg diese große Wissenschaftsdebatte der frühen und mittleren Goethezeit führen: Es »war da von nichts Geringerem die Rede als von Erschaffung und Entstehung der Welt. Hier aber blieb die Unterhaltung nicht lange friedlich, vielmehr verwickelte sich sogleich ein lebhafter Streit. Mehrere wollten unsere Erdgestaltung aus einer nach und nach sich senkend abnehmenden Wasserbedeckung herleiten; sie führten die Trümmer organischer Meeresbewohner auf den höchsten Bergen so wie auf flachen Hügeln zu ihrem Vorteil an. Andre heftiger dagegen ließen erst glühen und schmelzen, auch durchaus ein Feuer obwalten, das, nachdem es auf der Oberfläche genugsam gewirkt, zuletzt ins Tiefste zurückgezogen, sich noch immer duch die ungestüm sowohl im Meer als auf der Erde wütenden Vulkane betätigte, und durch sukzessiven Auswurf und gleichfalls nach und nach überströmende Laven die höchsten Berge gebildet [...].«

Alfred Lothar Wegener erkannte Anfang des 20. Jahrhunderts, dass sich die obere Erdkruste auf einem glühenden Mantel bewegt. Lange Zeit galt er als krasser Außenseiter der Geologie.

Den entscheidenden Richtungswechsel, was das Weltenrätsel der Gebirgsentstehung anbelangt, schaffte Alfred Wegener. Im Jahre 1908 veröffentlichte der Deutsche Geophysiker seine Theorie, die besagte, dass die dünne äußere Erdkruste in mehrere Bruchstücke zerteilt auf dem Erdinneren treibe wie Eisschollen auf dem Meer. Wegener war aufgefallen, dass sich die nasenartig in den Atlantik vorgereckte Ostküste Südamerikas passgenau in den riesigen Westküsten-Bogen Afrikas fügen lässt. Das hatte zwar schon der Theologie-Professor Theodor Christoph Lilienthal im Jahr 1756 bemerkt;

auch er überlegte, ob Südamerika und Afrika nicht einmal Eins gewesen sein könnten, erklärte sich die Trennung dann aber streng traditionell mit einer biblischen Katastrophe.

Wegener wurde mit seiner Theorie durchaus ernst genommen – auch wenn in wissenschaftshistorischen Abhandlungen verschiedentlich behauptet wird, er sei »verlacht« worden. (Man muss seinen Widersachern zubilligen, dass sie handfeste Gegenargumente ins Feld führten.) Wegeners Pech oder Tragik: Die Gelehrtendiskussion lief sich zu seinen Lebzeiten noch regelmäßig an der Frage tot, woher denn die Energien stammen sollten, die ganze Erdteile in Bewegung halten. Von den Strömungen des flüssigen Erdinneren als Antriebsmotor für die driftenden Kontinente wusste man zu Beginn des 20. Jahrhunderts noch nichts. Genau an dieser Lücke hakte sich der Zweifel an der revolutionären Schollendrift-Theorie fest; sie wurde vorläufig ad acta gelegt.

Die Schollenränder (rote Linien) sind Berührungsflächen, an denen sich vulkanische Kräfte spektakulär bemerkbar machen: als Magmaausbrüche, Erdbeben oder als Tsunamis.

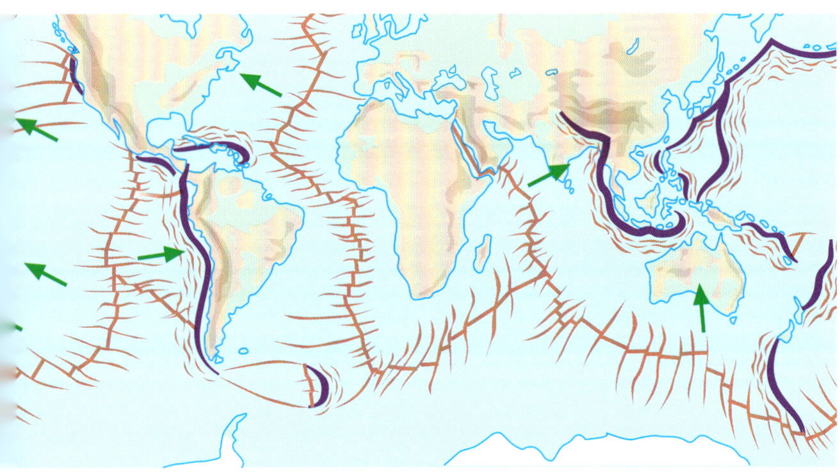

Dass Wegener im Kern Recht hatte, bewiesen später unter anderem Systematiker der Biologie, die in den Mündungen südamerikanischer Flüsse Verwandte der Süßwasserkrebse fanden, die es auch in afrikanischen Flussmündungen gibt: Die beiden Krebsarten leben nirgendwo anders auf der Welt, und ihre Verdriftung von Amerika nach Afrika scheidet allein schon deshalb aus, weil die Krebse eine Passage über den salzigen Atlantik nicht überleben würden. Schlussfolgerung: Sie müssen vor etlichen Jahrmillionen zu einem gemeinsamen Tierbestand gehört haben, der durch die driftenden Schollen auseinander gerissen wurde und sich seither auf verschiedenen Kontinenten weiterentwickelt hat.

Wenn Kontinente irgendwo auseinander driften, müssen sie anderswo auch wieder zusammenstoßen. Heute ist bekannt, dass sich die Erdoberfläche aus sieben großen und mehreren kleinen Platten zusammensetzt. Wo diese gigantischen Schollen zusammenstoßen, sind Gebirge entstanden – im Regelfall Faltengebirge. Wo die indische Platte begann, die asiatische Platte zu rammen, türmte sich der Himalaja auf. Und wo die Eurasische Platte mit der Afrikanischen kollidierte, begannen die Alpen zu wachsen. Beim Zusammenstoß, der damals am Grund des Tethysmeeres seinen Anfang nahm, krempelten sich Teile des Kontinentalsockels und Bruchstücke des Meeresbodens samt darauf sitzender

Lebewesen auf wie ein zusammengeschobener Teppich; riesige Landmassen wurden dabei Richtung Norden verschoben.

Dass die Alpen einmal Meeresgrund waren, bezeugen noch heute z.B. die Steinsalzlager in Berchtesgaden (Rückstände aus ehemaligen Lagunen), versteinerte Muscheln auf dem Eiger und noch erkennbare Reste von Korallenriffen auf dem Schlern und der Marmolada.

Gebirgsbildung ist im Grunde nichts anderes als ein gigantischer Auffahrunfall. Und was wir als atemberaubende Gebirgswelten wahrnehmen, ist die erodierende, verwitternde, zerfallende Knautschzone. Die größte erdverschlingende Naht ist die ostpazifische Küste Amerikas, von Alaska bis Feuerland: Hier »brandet« der junge Meeresboden von Westen her an den amerikanischen Kontinent – also die amerikanische Scholle –, wird darunter gedrückt und in etwa 100 Kilometer Tiefe bei 1000 bis 1500 °C teils wieder aufgeschmolzen.

Dass die ozeanische Platte notwendigerweise *unter* die Kontinentalplatte schliddert, hat physikalische Gründe: Die ozeanische Platte ist zwar erheblich dünner – »nur« 5 bis 10 Kilometer dick –, besteht aber aus sehr viel dichterem, also schwererem Material und kann daher nur nach unten abtauchen. Die Kontinentalplatten dagegen sind 20 bis 30 Kilometer dick (unter den großen Bergketten ist die Kruste sogar an die 60 Kilometer stark).

Lange galten Versteinerungen von Meeresgetier als Beweis dafür, dass buchstäblich alles Land im Meer geformt wurde.

So eine Großregion, in der eine Platte unter die andere abtaucht, heißt Subduktionszone, und die Gebirgsketten entlang der amerikanischen Westküste sind das spektakulärste Beispiel dafür. Seit 25 Millionen Jahren wird hier mit den Anden/Rocky Mountains die weltweit längste Gebirgskette an Land aufgekrempelt – von Feuerland bis Alaska. Das Antlitz der Erde runzelt die Stirn und es entstehen markante Falten.

Wenn sich Schollen die Kante geben

Auffaltung ist nicht gleich Auffaltung. Beim Himalaja läuft das etwas anders ab als in den drei Amerikas: Weil das Material der Indischen Kontinentalplatte ebenso dicht – also schwer – ist wie das der Asiatischen Festlandsplatte, taucht beim Zusammenstoß *keine* der beiden Platten unter die andere. Sie rammen sich buchstäblich frontal und schieben sich übereinander, mal chaotisch, mal vergleichsweise ordentlich gestapelt: Die größte Knautschzone des Planeten treibt seine höchsten Berge in die Höhe.

Als solche werden sie allerdings nicht unbedingt wahrgenommen. Das Gebiet des Karakorum zum Beispiel wirkt unspektakulär, etwa so »wie das Engadin aussähe, wenn man jeden Grashalm daraus entfernen und anschließend sämtliche Abraumhalden des Ruhrgebiets unbegrünt hineinschütten würde«, kommentierte der »Spiegel«. Auch die imposante Höhe tritt nicht halb so deutlich zu Tage wie man das erwarten würde. Das liegt daran, dass die Täler im Himalaja wesentlich höher liegen als in den Alpen. Der Mount Everest ragt »nur« 5100 Meter über die umgebenden Talböden hinaus. Und der höchste Berg ist er ohnehin nur dann, wenn man sich auf die Messung ab Meereshöhe einigt. Geht man von der Höhe ab Bergfuß aus, ist der Mauna Kea auf Hawaii klarer Punktsieger: Er misst 4205 über NN und weitere 5500 Meter unter dem Meeresspiegel – insgesamt 9700 Meter!

Könnte man mit Röntgenaugen ins Erdinnere sehen, würde man feststellen, dass auch Berge so etwas wie Wurzeln haben. Je höher ein Berg aufragt, desto tiefer reicht seine »Wurzel« auch in die Erde. Ein Gebirgsmassiv bohrt sich um das 5- bis 6-fache seiner Höhe in den Erdmantel hinein. Sein Eigengewicht drückt es sozusagen in die Erdkruste. Berge verhalten sich prinzipiell nicht viel anders als Eisberge im Wasser: Würde man auf einen Eisberg eine große Portion Eis dazupacken, würde er mitnichten weiter aus dem Wasser ragen, sondern einfach entsprechend tiefer einsinken.

Wie sich, umgekehrt, Entlastung auswirkt, lässt sich exemplarisch an den skandinavischen Gebirgen nachmessen: Sie heben sich pro Jahr um mehrere Zentimeter – einfach deshalb, weil mit dem Ende der letzten Eiszeit der Druck des weggeschmolzenen Inlandeises fehlt. Der Panzer war bis zu 3 Kilometer dick. Vom Eise befreit, kommt das Gebirge im Zeitlupentempo der Erdgeschichte langsam wieder nach oben, etwa wie ein Floß, dessen Passagiere die Planken verlassen.

Wenn Platten zusammenstoßen, geht das natürlich nicht immer glatt und glimpflich ab. Es hakt und staucht und klemmt. Und wenn die Platten dann plötzlich wieder mit einem Ruck weiterschnalzen, bebt der Boden unter unseren Füßen. Die Tsunami-Katastrophe, die am zweiten Weihnachtstag 2004 ihren Anfang nahm, wurde durch so einen untermeerischen »Entlastungs-Ruck« ausgelöst.

Im Jahre 1967 wurde die Welt Zeuge einer Feuergeburt aus dem Meer: Vor der Küste Islands erhob sich ein Buckel aus Lavagestein aus dem Meer. Surtsey genießt heute den Schutz der UNO.

Die Platten ruckeln nicht immer fugenlos aneinander vorbei. Beim Zusammenstoß kommt es immer wieder zu Lecks, Gase dampfen nach oben, flüssiges Gestein quillt aus dem Erdinneren durch Risse hoch und spratzt als Lava ins Freie. Zonen der Gebirgsbildung sind oft mit Vulkanen gespickt. Weltweit gibt es rund 850 aktive Feuerspeier, und 90 % davon liegen an den Rändern der driftenden Platten.

Das physikalisch notwendige Gegenteil von Aufwölbung – wo sich was zusammenschiebt, muss es anderenorts auseinander gerissen werden – findet sich besonders deutlich ausgeprägt im mittleren Atlantik: Durch aufreißende Spalten dringt Magma aus dem Erdinnern und türmt sich zu gewaltigen Rücken auf; die Azoren und Island sind sichtbare Resultate dieser Aufwallungen. Island ist, geologisch betrachtet, ein Berggipfel des Mittelatlantischen Rückens, eines unterseeischen Gebirges. Seine heutige Landmasse sitzt da, wo sich die Afrikanische, die Europäische und die Amerikanische Kontinentalplatte auseinander bewegen. Auch die gut dokumentierte Entstehung der Insel Surtsey – 1967 tauchte sie aus dem Meer vor der isländischen Küste auf – zeugt von dieser Drift. Die Insel-Geburt begann als Lavastrom 70 Meter unter dem Meeresspiegel, bis sich das brodelnde Lavagestein schließlich 120 Meter über dem Wasserspiegel auftürmte. Das Eiland ist heute übrigens UNO-geschütztes Forschungsgelände.

Ganz Island ist ein Feuergarten. Man hat das Gefühl, auf einem lebenden Wesen herumzulaufen wie ein Floh auf der Haut eines Hundes. Und unter der dünnen Haut rumoren die Blähungen der Erde, dampfen die Fürze aus Spalten, blubbern die höllischen Pfuhle.

Die Schmirgelwirkung des Wasses offenbart sich nirgends eindringlicher als in den Klamms der Hochgebirge.

Der Müll
der Jahrmillionen

Natürlich ist mit der Entstehungsgeschichte von Land und Bergen noch nicht alles gesagt. Was aus Gebirgen wird, wie sie altern, erodieren und wie sie im Laufe der Jahrmillionen wieder eingeebnet werden, ist Erdgeschichte. Härte des Gesteins, Wasserkraft, Vergletscherung, Frostsprengung, Klima – all das sind Faktoren, die in ihrem Zusammenspiel das Gesicht eines Gebirges formen.

Aber Erosion ist nichts, das nur in Jahrmillionen sichtbare Ergebnisse zeitigt. Das große Schmirgeln findet überall vor unseren Augen statt, etwa als ständige Schleifpapierwirkung von verblasenem Sand auf Stein. Oder im Kleinen durch die Sprengkraft von Pflanzenwurzeln. Oder durch chemische Verwitterung: In Wasser gelöste Kohlensäure nagt unaufhaltsam am Gestein, besonders an Kalkstein, erweitert Risse zu Spalten und Spalten zu Klüften, bis aus dem kompakten Fels ein emmentalerartiges Karstgebilde geworden ist. Die Sprengwirkung gefrierenden Wassers, die gewaltige Felsblöcke loshauen kann, ist – für alle sichtbar – eher klotzig als kleckernd.

Erosion ist allgegenwärtig. Vom Rossberg im Kanton Schwyz donnerten 1806 rund 100 Millionen Tonnen Fels zu Tal; 457 Menschen wurden von den Gesteinsmassen erschlagen. Und am 8. 10. 1963 verabschiedete sich der Monte Toc von ca. 200 Millionen Tonnen Fels, die in den Stausee der Vaiont-Talsperre klatschten und 48 Millionen Tonnen Wasser über die Staumauer drückten. Die Flut tobte ins Piave-Tal und tötete in Langarone und anderen Siedlungen 2500 Menschen.

Aber auch im Normalbetrieb werden beeindruckende Gesteinsmengen zu Tal verschoben: Bäche und Flüsse schmirgeln pro Jahr im Schnitt einen halben Millimeter Fels ab; das mag wenig erscheinen, aber im Lauf der Jahrtausende frisst das Wasser spektakuläre Schluchten in das Gestein. Die Trümmelbach-Fälle bei Lauterbrunnen zum Beispiel schwemmen jedes Jahr 20 000 Tonnen Gestein von der Jungfrau herunter. Dieser »Abfall« der Berge ist im Lauf der Erdzeit weit ins Alpenvorland hineingetragen worden und hat nach Vermutung der Geologen ein größeres Volumen als der »Rest« der Alpen, zu dem wir heute noch aufschauen.

Doch Schutt kann durchaus schön sein: Die vorgeschobene Landzunge St. Bartholomä im Königssee ist nichts weiter als die »Müllhalde« der Watzmann-Ostwand.

Etwas vereinfacht mag gelten: Schroffe, steile, hohe Gebirge sind jung, solche mit abgeschmirgelten Flanken und mäßiger Höhe werden im Regelfall älter sein. Das Werden und Vergehen von Gebirgen ist eine wichtige Teilwissenschaft der Geologie. Und die Antwort auf die lyrische Frage des jungen Bob Dylan »How many years can a mountain exist, before it is washed to the sea ...« ist nicht mehr notwendigerweise nur »Blowin' in the wind«. Man weiß sie in manchen Fällen. Das 250 Millionen Jahre alte Appalachengebirge hatte einmal mittlere Anden-Höhe. Und der Himalaja mit seinen 50 Millionen Jahren auf dem felsigen Buckel ist jung, beziehungsweise noch wenig gealtert und erodiert.

Jünger, steiler, älter, flacher ... – alles relative Begriffe, die mich verleiten, zum Ende dieses Kapitels in die eigene, erdgeschichtlich betrachtet relativ kurze Lebensspanne abzuschweifen. Ich erinnere mich an einen frühen persönlichen Punktsieg angesichts der Alpennordkette. Er geschah zu Füßen der Kampenwand. Als ich, gebürtiger Nordniedersachse, in jugendlichen Jahren auf dem Chiemsee einen Segelkurs besuchen durfte, sagte mir der gleichaltrige Sohn des Segellschul-Betreibers, in so einem flachen Land wie Niedersachsen möchte er nie und nimmer leben, der Harz sei ja gerade mal eine Hügelkette. Da konnte ich selbstbewusst mit dem gerade angelesenen Erdkundepensum der gymnasialen Mittelstufe antworten: »Unser Harz war schon ein Gebirge, als es die Alpen noch lange nicht gab!«

Die berühmte St. Bartholomä-Kapelle steht auf einer Schotterzunge, die das Hochgebirge in den Königssee vorstreckt: schöne Schuttablagerung!

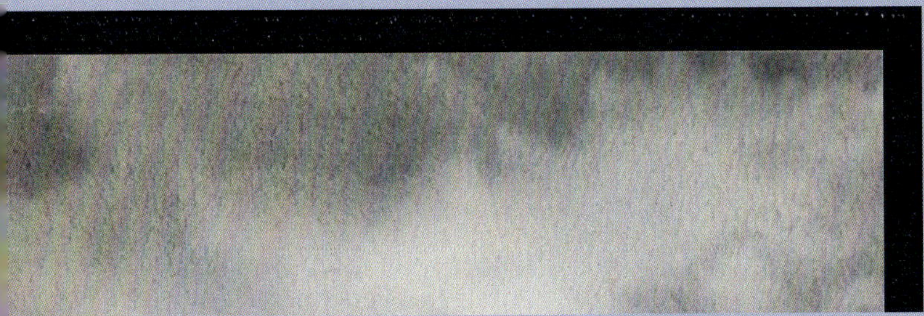

Berggeister und Mythenberge

Wo sonst, als in den schwer zugänglichen Gebirgsregionen sollten sich Geister und unheimliche Gestalten aufhalten? Außerdem brauchte das Bedrohliche der Hochregionen – schneller Wetterwechsel, Lawinen, Steinschlag, dünne Luft – Verursacher und Schuldige. In allen Kulturen wurden Berge mit schicksalsmächtigen Gestalten bevölkert.

Spuk – auf die Spitze getrieben

Dort, wo man schlecht hinkommt und nur mühsam hindenken kann, beginnt das Reich der Geister. Unwegsame Berglandschaften sind prädestiniert für starke Populationen, die alle den genetischen Fingerabdruck der Geist-Zeugung tragen und die Muttermale der Fantasiegeburt. Und sie alle haben lokales Kolorit; den Multikulti-Berggeist gibt es nicht. Er ist immer Tiroler, Skandinavier, Kaukasier und so weiter.

Kobolde zum Beispiel sind zwar eine prominente Spezies der Gattung Zwerg, weniger bekannt dagegen ist ihr ursprünglicher Hang zum Berg. Noch die Bergleute vergangener Tage schworen auf sie. Wann immer es in den Stollen und Schächten unheimlich krachte oder sonstwie erklärungsbedürftige Dinge passierten, hatten Kobolde ihre kleinen Hände im Spiel. Sie galten in aller Regel als gute Geister, genau wie ihre nördlichen Verwandten, die norwegischen Nisse god Dreng und die schwedischen Tromte Gubbe. Die kleinen Schweden machten sich übrigens auch im Haus nützlich und galten – ähnlich wie die deutschen Heinzelmännchen – als kleine Helfer bei den alltäglichen Dingen in Hof und Stallungen.

Im gebirgigen Schottland halten die Brownies die entsprechende Planstelle besetzt. Wenn sie nicht gerade durch ihre Bergheimat streifen, ruhen sie gern unter der Türschwelle von Menschen, die sich als gute Nachbarn erwiesen haben.

Man könnte all diese Vertreter aus dem Reich der »Kleinen Leute« – so die englische Sammelbezeichnung – mit dem Hausrotschwanz vergleichen; weniger der roten Farbe wegen, die allenfalls für deutsche Heinzelmännchen typisch ist, als vielmehr deshalb, weil sie wie die kleinen Vögel ihr Basislager aus dem Gebirge in menschliche Behausungen verlegt haben. Auch im Zwergenreich scheint es Kulturfolger zu geben.

Aber neben diesen Ex- und Auch-Berglern gibt es etliche, die nach wie vor nur im Gebirge »denkbar« sind. Darunter auch sehr lokale Größen wie zum Beispiel die Allgäuer Nebelkäppler, die zwischen Grän und Vils die Söbenspitze bewohnen – und zwar vorzugsweise das Berginnere. Hier betreiben sie einen bescheidenen Erzabbau und pflegen ansonsten der Ruhe und Abgeschiedenheit. Wenn diese durch Menschen gefährdet wird, ziehen sie ihre namensgebende Nebelkappe fest über die Ohren mit dem

Effekt, der bei Richard Wagner und anderen dramaturgisch bearbeitet wurde. Sie verschwinden im Dunst, nur wenn ihnen das Läuten der Susannaglocke von Vils akustisch in die Quere kommt, funktioniert der Nebelkappen-Trick nicht mehr so richtig.

In Südtirol heißen die Almgeister Nörgele; bekannt sind auch die Kasermandl, die Käsemännchen, von denen man sich allerdings auch Ungutes erzählt: Eine Sennerin, die einem aus dieser Untergruppe der montanen »Lacto-Gnome« (bergbewohnende milchabhängige Zwerggestalten) zwangsweise begegnet, kann ernsthaft erkranken. Sollte es am Berg neben Milzbrand etwa auch Milchbrand geben?

Nicht alle Berggeister sind so freundlich und harmlos wie Kobolde und Nebelkäppler. Der Gangerl zum Beispiel zeichnet für diverse Felsrutsche verantwortlich und hält auch nichts von der ansonsten geistertypischen Heimlichtuerei: Lautes Rauschen und Sturmgebraus begleitet sein unheilvolles Tag- und Nachtwerk.

Und immer wieder – das kann in christlich geprägten Regionen des Volksglaubens nicht ausbleiben – agieren Berggeister als Bestrafer, quasi in göttlicher Mission. Eine typische Gestalt dieser inneren Bergmission ist der Geißfüßler, von dem man sich Folgendes erzählt: Auf der Sonnalpe hinter Oberstorf hockte einmal eine Handvoll Sennen zusammen und führte gotteslästerliche Reden. Das taten sie – wir ahnen es – nicht ungestraft. Als einer die Stalltür öffnen wollte, um das liebe Vieh einzulassen, klemmte die Pforte, die sich am Morgen noch leicht hatte öffnen lassen. Der Sennbursche fluchte – wir dürfen unterstellen: gotteslästerlich –, aber die Tür war wie vernagelt. Da bemerkte er, als er durch eine Spalte spähte, eine schauerliche, zottelige Gestalt mit Geißfüßen (auch der Teufel selbst trägt, wenn nicht gerade einen Pferdehuf, gern Ziegenfüße!), die den Einlass blockierte. Das Einzige, was da noch Hilfe versprach, waren ein paar kräftige Spritzer Weihwasser, die eilends aus dem Tal herauf geschafft wurden.

Herz, Schmerz, Wildschütz – letzterer natürlich auch ein Freibeuter der Liebe – und notorisch sündige Sennerinnen: Der Volksmund zerriss sich gern genussvoll das Maul.

Riesen, Berggeister, Bös-zwerge und blinde Unschuld

Sagen wollen oft Phänomene erklären. Erzählt wird zum Beispiel, warum aus guten Bergweiden Geröllfelder wurden; das Unglück der Almbauern verlangt nach Erklärung; Täter, Opfer und rächende Gerechtigkeit müssen her.

Das Felsgewirr am Krippenstein etwa soll so entstanden sein: Einst lebte ein Riese, der – was in den Volkssagen eher selten der Fall ist – nicht nur durch Körpermaße imponierte, sondern auch durch Reichtum. Aber das Schicksal forderte Tribut für so viele gewährte Vorzüge: Seine einzige Tochter war blind. Das bekümmerte den riesig reichen Riesenvater, denn was sollte nach seinem Tod aus dem Kind werden?

Der Riese zog einen Experten zu Rate, einen benachbarten Berggeist. Der Greis im weißen Wallehaar händigte ihm eine Rolle aus und gab eine Gebrauchsanweisung dazu. Der Riese solle sich bei Vollmond die Papierrolle um die Schultern hängen, worauf sie zum Mantel werden würde. Die Tochter wiederum solle er auf seinen Schultern, gebettet auf die Rolle, im Mondlicht bergan tragen. Bedingung: Während dieses magischen Vorganges dürfe kein böses Wort, nicht einmal ein böser Gedanke gesprochen oder gedacht werden.

Der mythen- und sagenkundige Leser (Orpheus und Eurydike!) weiß, was jetzt passiert. Der Riese schritt mit der umgehängten Rolle, die sich sogleich in einen edelsteinverzierten Überwurf verwandelte, und der darauf gebetteten Tochter bergan. Da trat ihm der missgünstige Ritter Däumling in den Weg, der es sowohl auf das blinde Mächen als auch auf die Diamanten des Mantels abgesehen hatte. Der zornige Vater stieß einen Fluch aus und schickte sich an, den Zudringling per Steinwurf zu verscheuchen.

Da geschah, was nach guter alter Sagendramaturgie geschehen musste: Der Berg schickte zur Strafe Geröll herab. Wo eben noch blühende Almen waren, lagen von Stund' an Felstrümmer. Den Verursacher des Unglücks und seine noch unglücklichere Tochter kann man – mit viel Fantasie – als Halbrelief im Krippenstein erkennen. Der üble Ritter Däumling aber ragt in der Nachbarschaft als steiler Fels auf.

Immer wieder begegnen uns Berggeister als Verursacher von Erscheinungen, die nicht alltäglich sind. In den Allgäuer Alpen zum Beispiel sind sie am Werk, wenn die Luft »bramselt« – wenn es vor elektrischer Spannung knistert. Und auch Wetterleuchten – zuckendes Licht ohne die übliche, kraftvoll akustische Untermalung – war in vorwissenschaftlicher Zeit natürlich unnatürlichen Ursprungs, war eindeutig Geisterwerk. Auf der Sölleralpe soll eine Hütte ohne jeden erkennbaren physikalischen Grund Feuer gefangen haben; »grundlos« geht nicht, also lag auch hier laut Volksmund Sennersünde vor.

Den armen Sennern und Sennerinnen blieb nichts anderes übrig, als in solchen Fällen um höheren Beistand zu beten oder die Geister zu besänftigen – gewissermaßen als zusätzlichen Abwehrzauber; man weiß ja nie, ob die zuständigen christlichen Schutzheiligen immer den Weg bis hoch auf den Berg hinauf finden. Ein probates Vorbeugemittel soll es da gewesen sein, beim Melken immer einen kleinen Rest im Euter zu lassen, damit sich die Plagegeister bei Bedarf selbst bedienen konnten. Milch macht rüde Geister milde.

Es gab aber auch unerbittliche Spukgeschöpfe, die sich durch nichts abhalten ließen, Unanständiges, Übles oder sogar Lebensbedrohliches zu tun. Von diesem Schlage waren das Göllweib und der Wetterbock, ein teuflisches Paar, das die Göllalm bewirtschaftete. Sie eine bitterböse Sennerin, er ein langzotteliger, glutäugiger Unhold, der auf klobigen Hufen einherstapfte. Wer beim Duo Infernale, etwa bei Unwetter oder von der hereinbrechenden Nacht überrascht, Unterschlupf suchte, wurde aufs Übelste malträtiert und konnte froh sein, den Ort lebend verlassen zu dürfen. Als das unselige Paar sogar zwei verirrte Kindern fast zu Tode stieß und prügelte, hatten die guten Berggeister, überwiegend Feen, ein Einsehen. Sie organisierten einen zünftigen Bergrutsch mit den üblichen Zutaten, Gletschereis und Schlammlawinen, und begruben die Übeltäter. Das Göllweib wollte (ganz wie im klassischen Drama, wenn das »retardierende Element« kurz vorm unerbittlichen Finale nochmals Rettung verheißt) noch in letzter Minute seine Sünden bereuen. Zu spät! Beide Schauergestal-

Der Hohe Göll, im Nationalpark Berchtesgarden gelegen, erwies sich als besonders magnetisch für Volkssagen und Legenden.

ten müssen noch heute zur Strafe ihrer Boshaftigkeit den Menschen im nahen Kuchel das Wetter anzeigen. Bei aufkommendem Unwetter färbt sich eine Steinstruktur in der Wetterbockwand dunkel, das darunter knieende, vergeblich um Gnade bittende Göllweib erscheint ganz schwarz.

Das Böse muss unterliegen, und die Sünde muss getilgt werden: Das ist am Berg nicht anders als in anderen geister-gebärfreudigen Gegenden: im Watt, in der Heide, im tiefen, tiefen Wald, im Moor. Die Besetzungsliste der einschlägigen Legenden und Sagen ist landschaftsübergreifend vergleichbar – aber nie identisch.

Almabtrieb: Heute längst eine Festbuchung im alpentouristischen Jahr. Früher das feierlich begangene Ende der sommerlichen Isolierung für Senner und Sennerinnen.

Immer und überall gab es Orte, an denen die Sünde leichter Wurzeln schlagen konnte als anderswo, einsame Orte vorzugsweise, über denen das Auge der Kirche oder der Obrigkeit nicht wachen konnte. Menschen, die sich in solchen Gebieten fernab vom Kontrollblick der Gemeinschaft aufhielten, waren stets unter Generalverdacht. O sündiger Gedanke! Senner und Sennerinnen, einen langen Sommer allein und isoliert in großer Höhe! Da schoss im Tal die Fantasie gehörig ins Kraut, vermutlich heftig gedüngt von Neidkomplexen.

In den Alpen sorgt in manchen Gegenden der Alberl für leidlich anständigen Lebenswandel. Die Schwaigdirnen (Eine Schwaige ist ein vereinzelt liegender abgelegener Bauernhof, und Dirnen waren früher nicht notwendigerweise das, was sie heute sind) zum Beispiel, Sennerinnen auf entlegenen Almen, standen in dem Ruf, ihre Liebreize nicht immer nur ehrbar an den Mann zu bringen. Nach dem Almabtrieb zog deshalb besagter Alberl in die leeren Sennhütten ein und reinigte sie von Sünde, pauschal und auf Verdacht. Wie er das – rein ritualtechnisch – anstellte, steht leider nirgends vermerkt. Besonders schlimme Sennerinnen verfolgte er sogar bis ins Tal, andererseits schreckte er im Zuge der moralischen Vorwärtsverteidigung auch Mannsbilder ab, die in unguter Absicht zu den Milchmägden aufsteigen wollten. Alles in allem wussten die Sennerinnen, was sie an ihrem Al-

berl hatten; beim Almabtrieb ließ man ihm eine gute Milchspeise auf dem Tisch zurück.
Allerdings konnte der Alberl nicht immer gegen eine Nachspeise zur Nachsicht bewegt werden. Als er einmal davon erfuhr, dass eine böse Schwaigerin den lebenden Zeugen ihrer Sünde, einen Säugling, in der Hüttentür tot geklemmt hatte, tobte er ganz fürchterlich im Gebälk und beruhigte sich erst, als man das Hüttentor ersetzte.
Wenn man versucht, sich durch das Spalier von Berggeistern lesend fortzubewegen, gewinnt man den beruhigenden Eindruck, dass die guten Berggeister zahlenmäßig die Oberhand haben.

Und selbst die weniger guten, die ambivalenten oder sogar bösen stehen häufig im Dienst einer höheren Gerechtigkeit, sind Schlagstock einer legitimen Strafinstanz. Entsprechend dürfen gute Menschen am Berg fast immer auf geisterlichen Beistand hoffen. So zum Beispiel ein sehr braver Knappe, der am Plankogel verschüttet wurde und unter Tage sechs Jahre von einem guten Berggeist durchgefüttert wurde, ehe – sicherlich auch das ein gelenkter Zufall – der Stollen von der anderen Seite her geöffnet wurde. Der Clou der Geschichte kommt ganz in der Manier der deutschen Romantik daher: Der Gerettete glaubte, seit dem Bergrutsch seien nur sechs Tage vergangen. Ergo, Berggeister können sogar ein wenig an der Zeitachse drehen, wenn es die Situation erfordert.
Möglicherweise kann das auch der Wildemann im Harz, neben dem Zwerg Hübich (Bad Grund) und dem Bergmönch von Zellerfeld und Clausthal, eine bekannte Geistergestalt des nördlichen Waldgebirges, das womöglich eine noch höhere Sagendichte hat als die Alpen. Hier wimmelt es von bergbewohnenden Zwergen und Moosweiblein, und in diversen Geschichten ist von ganzen Kolonien und Sippen die Rede: Bergzwerge treten gern rudelweise auf; die Sieben Zwerge, die von den Brüdern Grimm für die Ewigkeit der Märchenklassik präpariert wurden, sind da gewissermaßen nur eine stellvertretende Kleingruppe.

Der Wilde Mann, hier als Bronzefigur in Wildemann, ist als Mythengestalt des Harzes gewissermaßen der Antipode der sagenhaten Harz-Standardbevölkerung: der Zwerge.

Ein (frauen)-möderischer Aberglaube: Hexen trafen sich angeblich zur Walpurgisnacht auf dem Brocken, um sich mit den satanischen Mächten zu paaren.

Stellvertretend für die Mythenmächtigkeit des Harzes steht manchmal sein höchster Berg, der Brocken (1142 Meter). Seit dem 17. Jahrhundert gilt sein gerundeter Gipfel als Hexensammel- und -tanzplatz. Hexen sind nun zwar keineswegs Berggeister sui generis, aber offenbar bevorzugen sie exponierte meeting points. (Wissenschaftlich könnte man sie »intermediär montan« nennen). Transportmittel greifen sie sich einfach aus der nächsten Umgebung: Besen, Schaufeln, Mist- und Heugabeln. Auf dem Brocken gibt es auch ein wenig Infrastruktur für heiß gerittene Hexen, den so genannten Teufelsnapf, einen wassergefüllten Granitbrocken, in dem sich die Damen abkühlen konnten.

In einer Hinsicht war der Brocken allerdings keine gute Wahl für blühenden Aberglauben; er ist leicht zugänglich. Jeder mit nur etwas Courage konnte sich davon überzeugen, dass dort oben allenfalls Kolkraben krächzen und Käuze schreien – zu wenig für einen soliden, in sich ruhenden Aberglauben! Also musste ein Betretungs-Tabu her. Man installierte das »Brockengespenst«, eine Riesengestalt, die mal männlich mal weiblich in Erscheinung trat, wobei der Auftritt spektakulär gewesen sein muss: Die

Trittsiegel wurden zu Brandmalen in Gras, Laubstreu und Moos. Hirten bezeugten die Existenz des Schauerzwitters.

Während das Brockengespenst faktisch den Hexen/Bergmythos schützte, gab es durchaus auch honorige Schützer am und im Berg: Im Harz, im Erz- und Riesengebirge und in anderen bergbauträchtigen Gebieten waren Zwerge häufig Schatzhüter. Wenn Unberechtigte sich untertage etwas Gleißendes zusammenrafften, zerfiel ihre Beute – der Fluch der Zwerge! – unter der Sonne zu Kohlenstaub, ein Motiv, das sich in den Schatz-Legenden unterschiedlicher Kulturlandschaften und Jahrhunderte wiederfindet: Der Lohn verweigert sich denen, die seiner nicht wert sind.

Von den Zwergen zu den Riesen ist es im Gebirge nur ein kleiner Schritt. Vielleicht der ergiebigste Charakter aus der Trug- und Scheinwelt der Berggeister ist kein Alpiner, sondern ein Mittelgebirgler: Rübezahl, der das Riesengebirge und angrenzende Gebiete zu seinem Stammland gemacht hat. Der baumlange Kerl fasziniert zum einen durch sein Äußeres – wilde Öko-Kluft aus naturechten und naturidentischen Materialien –, zum anderen durch seine Ambivalenz. In geradezu rührender Weise und allerbester Bergführertradition leitet er Verirrte auf den rechten Weg zurück.

Andererseits nasführt er solche, die seiner Meinung nach unberechtigt in sein Reich vordringen. In manchen Erzählungen reagiert er besonders verärgert, wenn jemand versucht, seine Kanzel zu erklimmen oder seinen tief im Wald versteckten, privaten Rosengarten zu betreten. Doch überwiegend zeigt sich Rübezahl wohltätig; einem Bauern lieh er sogar eine größere Summe Geldes. Und wenn er sich immer mal wieder einen Spaß auf Kosten anderer erlaubt, dann hat er die Lacher auf seiner Seite.

Rübezahl, der (überwiegend) gute Geist des Erzgebirges in der Imagination von Moritz von Schwind (1804–1871)

Barbarossa wartet samt Heer im Kyffhäuser, bis ihn »sein Volk« ruft. Leider fühlten sich auch die »Paladine« Adolf Hitlers berufen: Der Russlandfeldzug hieß »Unternehmen Barbarossa«.

Stehende Übergrößen der Sagenwelt wie Rübezahl legen die Frage nahe, ob ihre Mythengestalt eine Biografie aus Fleisch und Blut hat, ob es – in seinem Fall – tatsächlich einen thüringischen, riesenwüchsigen Einsiedler mit skurrilem Humor gegeben hat, an dem sich nachträglich allerlei Geschichten festgerankt haben. Bisher gibt die »Rübezahlforschung« da wenig her.

Im Falle eines anderen weltberühmten Berggeistes, Barbarossa (Rotbart), liegen die Dinge klarer. Kaiser Barbarossa, der nebst Heer im Kyffhäuser ausharrt, während sein Bart durch die steinerne Tischplatte vor ihm wächst, ist in

geschichtlicher Wirklichkeit Kaiser Friedrich I. (1152–1190). Der ehemalige Herzog von Schwaben wurde zur historischen Größe, weil er es schaffte, mit bewaffneter Entschlossenheit von Deutschland aus das untergegangene Römische Reich wieder aufzurichten. Sein erster Italienzug 1154/55 brachte ihm die Kaiserkrone ein, aber auch gefährliche Spannungen mit der Lombardei – Preis der Einheit. Ausufernde Nebentätigkeiten brachten ihn um den Genuss seiner Einigungstat: Achtunddreißigjährig ertrank er als Kreuzzügler in der Türkei. Sein Heer, in Wartestellung im Kyffhäuser-Berg südlich des Unterharzes eingeschreint, verkörpert eine geschichtliche Sehnsucht der Deutschen, die wie keine andere mitteleuropäische Nation von Kleinstaaterei gebeutelt wurde: Wenn die politischen Wirrnisse und die Zerrissenheit des Reiches zu arg werden, wird man den berühmten Reichsgründer rufen und er wird sich an die Spitze der Getreuen stellen – ein Mythos, der zum Missbrauch geradezu einlädt. Und so kann es kaum verwundern, dass der Großmeister des Tod-Schlagwortes, Josef Goebbels, verschiedentlich seinen Abgott Adolf Hitler als den Erfüller des Barbarossa-Versprechens auslobte; und nicht von ungefähr hieß der Nazi-Überfall auf die Sowjetunion »Unternehmen Barbarossa«.

Mythen, auch Bergmythen, sind nicht vor Missbrauch sicher. Es gibt einen wenig bekannten Berg, mit 484 Metern eher ein Hügel im Thürin-

gischen, der ähnliche Funktionen erfüllt wie der Kyffhäuser. Der Hörselberg ist eine der vielen Dependancen des Teufels mit eingebautem Arbeitstrakt, einer Art Großraum-Folterkammer; zumindest wollen Ohrenzeugen immer wieder Schreie gepeinigter Seelen aus dem Berginneren gehört haben. Vermutlich in einem anderen Wohntrakt des Berges hat die Wilde Jagd ihr Ruhequartier; die Wilde Jagd ist eine Reiterhorde unseliger Jäger und untoter Krieger, die in den Raunächten um die Jahreswende in den Wolken herumtoben müssen und ängstliche Gemüter erschrecken. Lokale Besonderheit: Die Horde wird von Frau Holle angeführt (Frau Holda), einer urspünglich gutartigen germanischen Göttin, die von den Christen erst zu einer Art Hexe verfemt und sehr viel später bei den Brüdern Grimm wieder zur gutartigen Bettenschüttlerin umgedeutet wurde.

Und noch jemand lebt im Hörselberg, diesem Hügel, dessen ausgefeilte Innenraumaufteilung eine ausgezeichnete Schallisolierung gegen die lärmigen Krieger, Teufel und Jäger haben muss: Frau Venus hält hier Hof, die Liebesgöttin, zu der auch der heftig minnesingende Ritter und Sänger Tannhäuser pilgerte, um sich Zugang zu handfesteren Vergnügungen zu verschaffen, als sie in seinem Standard-Liedrepertoire vorkommen.

Es fällt auf, dass eine Vielzahl von Gestalten nicht nur oberflächlich im Gebirge herumgeistert, sondern die Berge nutzt – als Wohnung, Versteck oder Bergwerk. Sie verbergen sich im Berg, sind dort geborgen. Auch die skandinavischen Trolle gelten in diesem Sinne als Bergnutzer. Sie haben einen Ruf wie Donnerhall, und es gelang ihnen spielend, in die Hochliteratur (Henrik Ibsen, Knut Hamsun, Selma Lagerlöf) vorzudringen; und auch die Hobbits sind – soweit in diesem Fall optisch inspirierte Deutungen zulässig sind – Troll-Nachzuchten, in vitro gezeugt von J. R. R. Tolkien.

Wer mehr über die nordischen Gebirgler wissen will und auch bei dieser uralten Materie ins brandneue Internet schaut, der findet folgende Beschreibung (www.troll-page.de): »Troll (trollus trollus), in Nordeuropa lebende, äußerst scheue und daher bislang kaum erforschte Spezies, in der Regel nachtaktiv. Trolle leben gesellig, vornehmlich in Wäldern und Gebirgen, verfügen über ein sehr gutes Seh-, Hör- und Geschmacksvermögen, haben ein wenig spezialisiertes Gebiss mit großen Fangzähnen [sic], sind Sohlengänger, die Hände als Greiforgane benutzend. Trolle können bis zu drei Köpfe und bis zu neun in einem Haarbüschel endende Schwänze haben, [...] aus dem Gesicht ragt eine große Nase hervor. An den Füßen haben sie vier Zehen und an den Händen jeweils einen Daumen und drei Finger. Ihre Haut ist von graubraunem Haarfilz bewachsen.« (Wir werden den Verdacht nicht los, dass der Internet-Autor eine der beliebten Plastikfiguren, die in norwegischen Andenkenläden stapelweise auf Kunden lauern, verschriftlicht hat. Aber sei's drum!)

Was Trolle so faszinierend macht, ist ein Grundwiderspruch, der uns schon bei Rübezahl auffiel: Äußeres und innerer Wert. Während in den Standard-Märchen die Guten immer schön und die Bösen (fast) immer hässlich sind, brechen die lichtscheuen Norweger diese Regel: Die zum Fürchten hässlichen Trolle (von Trollinnen hört man nichts) sind im Kern ganz gute Kerle, denen man sogar nachrühmt, dass sie im harten skandinavischen Bergwinter hungernde Tiere füttern.

Den klügelnden Einwand, dass es all diese Bergwesen, die Trolle, Ziegenfüßler, Heinzelmänner, Brownies, Kobolde und Co. – in Wirklichkeit – nicht gibt, kontern wir mit einer Frage: in welcher Wirklichkeit? In der Wirklichkeit, in der Berge nur Aufwölbungen der Erde in verschiedenen Erosionsstadien sind? Oder in der Wirklichkeit, zu der immer auch der Zauber der Berge gehört?

Zwerg reimt sich auf Berg

Es gibt einen Begründungsversuch – dessen Stichhaltigkeit wir allerdings nicht seriös untersuchen können –, eine tastende Erklärung dafür, weshalb der Zwerg als solcher eine so hohe Affinität zum Berg und zum Berginneren hat: Zwerge sind praktisch und Platz sparend. In den frühen Bergbauzeiten waren die Stollen meist lebensgefährlich eng; wer mit der Hand Abraumgestein wegschlagen musste, sollte praktischerweise klein sein. Die breiten Schächte und Gänge mit doppelgleisigen Spuren für Loren und Personentransport, für Förderbänder, Aufzüge und Wetterschächte sind allesamt Bauwerke der Neuzeit, die ohne starke Fräsmaschinen kaum denkbar wären.

In den engen Röhren von damals hatten kleinwüchsige Menschen natürlich Platzvorteile. Für besonders enge Passagen kamen nur »natürliche Zwerge« in Frage, schlimmstenfalls wurden auch Kinder eingesetzt. Aus allen berühmten Bergbaulandschaften – Wales, Schlesien, Harz, Ruhrgebiet – gibt es Schauergeschichten von knochenbrechender Kinderarbeit.

Der andere Teil der Erklärung ist normaler Geisterglaube: Zum einen braucht das Unerklärliche immer Verursacher und von geheimnisvollen bis bedrohlichen Geräuschen war der Untertagebau von jeher erfüllt. Zum anderen ist die Welt unterhalb der Grasnarbe der klassische Ort für Heimlichtuer. »Wie vom Erdboden verschluckt«, heißt es – eine Form des Abgangs, die jeder anständige Zwerg perfekt beherrscht.

Bergzwerge konnten retten, indem sie rechtzeitig klopften (warnten); sie konnten aber auch Unheil stiften, indem sie Menschen unter Tage in Bergnot stürzten, ihnen die Grubenlampen ausbliesen, Wasser aus dem Berg hervorbrechen ließen, die Tragestempel unterminierten. Aber, wie schon andernorts vermerkt, die Gutzwerge waren ganz deutlich in der Mehrheit, und nur wenn man ihnen übel mitspielte, sannen sie auf Rache.

Wenn Feen Luftwesen sind, Nixen die klassischen Wasserbewohner, dann sind Zwerge (Gnome und Kobolde) die geborenen Erdmännchen – meist mit unterirdischer oder berggerichteter Orientierung.

Berge der Erleuchtung

Da lässt man sich doch nicht lange bitten: Apollo unter den Hirten – von Merkur auf den Olymp zurückgerufen; eine »Momentaufnahme« von Francesco Albani (1578–1660).

Auch ein Mensch ohne religiöse Bindung spürt ein Aufglimmen von Erleuchtung, wenn er auf einem Berggipfel den Sonnenaufgang betrachtet; rundum noch alles im Dämmerdunkel und dann: ex oriente lux – aus dem Osten ein Licht, erst zaghaft und schon bald sieghaft, alles überflutend. Und auch das »Näher, mein Gott, zu Dir!« mag zwar eine rein geistliche Regung sein, doch als materielle Aufstiegshilfe himmelwärts boten sich in erster Linie Berge an.

Die Bibel ist voll von einschlägigen Bergbezügen. In Psalm 121 heißt es: »Ich hebe meine Augen auf zu den Bergen, von denen mir Hilfe kommt«, was wohl bedeutet: Ich hebe mein Bewusstsein aus den Niederungen des Allzumenschlichen, um die göttliche Macht wahr- und annehmen zu können.

Dieses Spüren war wichtig; als Elia die Priester des Baal zur Rechenschaft zog, tat er das auf dem Berg Karmel – an einem Ort, an dem ihm göttlicher Beistand näher deuchte als im Tal.

Berge sind Orte, wo Himmel und Erde sich berühren – zwar nur scheinbar, aber das scheint nicht zu stören. Gebirge sind in vielfacher Hinsicht Regionen der Erhebung, manchmal sogar Wohnsitz der Götter. Der griechische Olymp ist nur das berühmteste Beispiel für eine Götterwohngemeinschaft mit Aussicht. Auch die jüdischen Priester und christlichen Propheten gingen davon aus, dass Gott auf dem »Berg des Herrn« zu Hause sei, wer sich dem Höchsten annähern wollte, richtete sich – wenn nicht gar wandernd, dann gedanklich – bergwärts, ganz wie in Psalm 35 : »Ich rufe mit meiner Stimme zum Herrn, so erhört er mich von seinem heiligen Berge.«

Berge sind in der Bibel fast immer Plätze, an denen Diener Gottes Offenbarungen und Gottesnähe erleben. Oder sogar Rettung: Noahs Arche hatte auf dem Berg Ararat wieder Grundberührung. Auf dem Berg Sinai nahm Moses von Gott die Zehn Gebote entgegen. Auf einem Berg (eher ein Hügel) hielt Jesus die großartigste Rede der Menschheitsgeschichte, die Bergpredigt; und es war auch ein Berg, wo er vom Teufel versucht wurde und souverän widerstand; auf den Berg zog er sich zum Gebet zurück; und im Garten Gethsemane am Fuße des Ölberges verbrachte er vor seiner Passion die letzten Stunden in Freiheit. Die Bibel müsste umgeschrieben werden, wollte man die Berge sprachlich einebnen.

Gebirge als Götterlandschaften, das ist Weltkulturerbe. Ein Mann, der als einer der besten Tibetkenner der westlichen Welt gilt, schrieb: »Als ich während meiner Flucht von Indien nach Tibet auf den 6000 Meter hohen Gurin-La kam, fand ich dort ein Meer von Steinmännern, und hier in der Einsamkeit und Größe der Landschaft verstand ich, dass in den religiösen Vorstellungen der Tibeter die Berge des Himalaja Sitz und Thron der Götter sind. Hier war auch der Ursprung ihrer eigenen Ahnen, und nach dem Tode würden sie dorthin zurückkehren. Weit über den Pässen, wo noch die bösen Geister ihr Unwesen trieben, hoch oben auf den eisbedeckten Gipfeln, thronten die segensspendenden Berggötter.« Soweit Heinrich Harrer, der Freund und zeitweilige Weggefährte des Dalai Lama.

Plünderung Trojas und die Arche Noah (»Chroniques de Bretagne«).

Der heiligste unter allen heiligen Bergen ist für Buddhisten, Hindus, Jaina und Anhänger der uralten Bönreligion der Kailas (6714 Meter hoch), in der westtibetischen Provinz Ngari gelegen, auf von China okkupiertem Territorium. Für die Gläubigen ist er das Zentrum der Erde,

Vielleicht der kräftigste Bergmythos des jüdisch/christlichen Abendlandes: Moses empfängt unter Blitz und Donner die göttlichen Gesetzestafeln am Berg Sinai.

Achse der Welt, Mittelpunkt des Universums. Eine Pilgerreise zum Kailas ist für Buddhisten die Erfüllung des Lebens, vergleichbar nur mit einer Mekka-Pilgerreise für Muslime oder einer privaten Papst-Audienz für glaubige Katholiken. Die mühselige Pilgerreise zum Berg der Berge und die anschließende Umrundung versinnbildlicht die Mühsal der Erdenreise und die anschließende Erlösung. Wer den 51 Kilometer langen Rundweg um den Kailas hinter sich bringt, ist von Sünden gereinigt, und Gläubige, die ihn in einer unvorstellbar langen Kette von Niederwerfungen fast wie kriechende Spannerraupen umrunden, verbessern ihr Karma erheblich.

Der Kailas wird schon im Heldenepos Mahabharata erwähnt, ein Text der in der langen Zeitspanne zwischen dem 4. Jahrhundert vor Christus und dem 4. Jahrhundert nach Christus fortgeschrieben wurde. Den Kailas bewohnen neben einer ganze Riege mittlerer Götter und Dämonen auch Shiva und Gemahlin Parvati. Auch die Flussgöttin Ganga ist eine Gestalt vom Kailas; hier hat der heilige Fluss Ganges mythisch seinen Ursprung.

Als besonders heilig gilt das Tor des Gangotri-Gletschers, im Bewusstsein der Gläubigen die Gangesquelle. Hier sitzen Eremiten in Scharen, in kleine Höhlen gekauert und meditierend. Ein reinigendes Bad im eiskalten Wasser hilft aber auch denen, die keine höheren religiösen Weihen haben.

Was Buddhisten und Hinduisten der Kailas, ist den Shintoisten Japans ihr Fujiyama – eine Fels gewordene Inkarnation des Göttlichen.

Nur 100 Kilometer von Tokyo entfernt reckt sich der »Einzigartige« an zehn Monaten im Jahr schneeumkränzt 3776 Meter hoch gen Himmel. Schon im Jahr 806 hat es in der Stadt Fujinomya einen heiligen Ort gegeben, an dem noch heute der berühmte Sengen-Schrein steht, im weiten Umkreis umgeben von etlichen hundert weiteren Schreinen. Vom Sengen-Kloster aus beginnen die Pilgerwege zum Fuji; heute allerdings startet man zum frommen Gipfelbesuch – der Fuji ist der am häufigsten bestiegene Berg der Welt – gern vom Parkplatz in 2400 Metern Höhe. Zwar nimmt auch in Japan die Frömmigkeit ab, aber noch immer keuchen jährlich 200 000 Menschen, einige noch immer traditionell in Weiß gewandet, gipfelwärts. Der Weg ist gesäumt von Getränkeautomaten, Telefonzellen und Kiosken, die auch Sauerstoff-Spraydosen feilbieten.

Wenn es einen Sichtbeweis für montane Wundertätigkeit gibt, dann ist sie täglich hundertfach am Fuji zu bestaunen: Den Gipfel erreichen auch Menschen, denen man bei flüchtigem Hin-

Der Kailas im Himalaja ist Hinduisten und Buddhisten heilig. Wer ihn umrundet, verbessert sein Karma.

Der Kaya Tempel auf dem Fujiyama, dem meistbestiegenen Berg der Welt: Jedes Jahr quälen sich rund 200.000 Menschen auf den heiligen Vulkan.

sehen kaum zutrauen würde, die Treppenverbindung zweier Stockwerke zu meistern.

Heilige Berge bedecken die Landschaften aller Religionen: der Gunung Agung auf Bali, ein eindrucksvoller Vulkankrater mit 500 Meter Durchmesser, Adams Peak (2243 Meter) auf Sri Lanka, der Moslems, Christen, Hindus und Buddhisten heilig ist, Ayers Rock, das rote Felsenmonument der Aborigines, der Vulkan Kilauea auf Big Island (Hawaii).

Berge als quasi-Wallfahrtsorte säumen bekanntlich auch europäische Kultur- und Religionsgeschichte. Ungezählt die Prozessionen auf alpine Hausberge, Andachten unterm Gipfelkreuz, Abendmahl mit Fernblick. Und vermutlich liegt auch hier ein ähnlicher Symbolgedanke verborgen wie am Kailas: Wer Gottes Gnade will, soll sich schon ein wenig plagen; der Berg kommt nicht zum Propheten und seinen Anhängern, es funktioniert nur umgekehrt.

Dass die Gipfel schon besetzt waren – einer fachlichen Schätzung zur Folge waren 80 % der christlichen Bergorte zuvor Standorte heidnischer Heiligtümer –, störte nicht wirklich. Das organisierte Christentum entwickelte eine pragmatische Haltung in dieser Frage. Papst Gregor der Große schrieb schon 590 an den englischen Abt Melitus: »Nach langer Überlegung habe ich erkannt, dass es besser ist, anstatt die heidnischen Heiligtümer zu zerstören, dieselben in christliche Kirchen umzuwandeln [...] Wer die Spitze eines Berges erreichen will, steigt nicht in Sprüngen, sondern Schritt für Schritt.«

Gesagt, getan. Rocciamelone zum Beispiel, der höchste Wallfahrtsort in den Alpen, galt im Altertum als höchster Berg der Alpen und wurde schon bei den Römern als heilig verehrt. In St. Anna di Vinadio (2010 Meter) im Piemont hat die Mutter Gottes nachweislich den Platz vorchristlicher Fruchtbarkeitsgöttinnen eingenommen. Auch die Heiligen Drei Brunnen in Trafoi wurden von Druiden gehütet, lange bevor hier erstmals ein Ave Maria erklang und Rosenkranzkugeln klickerten; und auch St. Medardus in Tarsch/Vintschgau war ursprünglich ein Quellenheiligtum.

Die (im Übrigen nicht immer ganz freundliche) Übernahme alter Kraftorte durch die Kirche dürfte ein wesentlicher Grund dafür sein, warum christliche Rituale im Alpenraum so felsenfest sitzen: Sie sind nicht aufgesetzt, sie sind Modifikationen uralter Bräuche. Das polnische Sprichwort: »Wer Denkmäler stürzt, sollte die Sockel stehen lassen« gilt sinngemäß auch für Kultorte. Nicht selten entwickeln die Kulte allerdings eine Eigendynamik, die an Unbotmäßigkeit grenzen kann. Hans Haid, der Autor des Standardwerkes »Mythos und Kult in den Alpen«, bringt es eindrucksvoll auf den Punkt: »Die Frommen pilgern und beten in bester Absicht, nach wie vor Hunderttausende pro Jahr, in unveränderter Zähigkeit am uralten Kult festhaltend. Diese frommen Pilger werden sich nur selten bewusst, dass sie zur Madonna pilgern und gleichzeitig der alten Muttergottheit an diesem Platz opfern […]. Selbstverständlich besuchen diese frommen Pilger vor und nach dem Besuch des Gnadenaltars auch die Heilige Quelle in einer Höhle hinter der Kirche, trinken vom Wasser der Heiligen Quelle, netzen ihre Augen, wischen sich mit dem heiligen Wasser den Schweiß von der Stirn, verweilen dort, um dann zum wiederholten Mal der Madonna eine Kerze zu stiften, die alten Lieder auswendig und immer inbrünstiger zu singen, fast bis zur berauschenden Kultekstase in der weihrauchgeschwängerten, über und über vom Gemurmel und Kerzengeruch erfüllten Stätte. Es ist die Berauschung einer anderen Art. Es ist das mitunter Irreale des Wallfahrens.«

Die Trafoi-Kapelle steht dort, wo schon Druiden das segensreiche Wasser hüteten. Wie häufig usurpierte das siegreiche Christentum einen etabliert heiligen Platz samt Kult.

So was konnte, aus Sicht der Kirche, leicht außer Kontrolle geraten; zu viel Bergekstase – und sei es unter dem Kreuz – rief die Wächter der kirchenfrommen und staatstragenden Nüchternheit auf den Plan.

Die katholische Kirche und die weltliche Obrigkeit sahen die gipfeltrunkene Freilichtfrömmigkeit am Berg zeitweise als bedenkliche Entwicklung. Und nach Möglichkeit sollten die Schäfchen doch bitte schön übersichtlich und

Näher, mein Gott zu Dir! Unter diesem Motto stehen auch heute noch Bergmessen. Diese Aufnahme entstand auf einem Gipfel des Steinernen Meeres bei Berchtesgaden.

kontrolliert in den dafür vorgesehenen Behältnissen bleiben, sollten die »Kirche im Dorf lassen«. Immer wieder wurden Wallfahrtskirchen gesperrt und Wallfahrten schlicht verboten. Kaiser Joseph II. untersagte alle Prozessionen und Wallfahrten, deretwegen die Wallfahrer über Nacht wegbleiben mussten – womit im Grund sämtliche Unternehmungen gestrichen waren, die in entferntere Täler oder gar ins Ausland führten. Auch Wallfahrtsbilder wurden aus Kapellen entfernt. So wurden 1782 die Gnadenbilder vom Heiligen Kreuzkirchlein am Kreuzkofel demontiert, 1787 die von Maria Weissenstein – fast schon ein Bildersturm in Namen seiner katholischen Majestät.

Doch die Schafe folgten ihren Oberhirten nicht, sie zogen weiter bergan. Nach dem Tod Kaiser Josephs II. kehrten denn auch viele kaltgestellte Heilige – im Habsburger Reich riskierte niemand leichtfertig einen Volksaufstand – an ihre angestammten Orte zurück.

Heute werden kirchlicherseits keine Bedenken mehr laut, schon gar nicht darüber, dass dort, wo unter Gipfelkreuzen gekniet wird, ein paar Jahrhunderte zuvor Sonnenwendfeuer brannten und Knochenorakel geworfen wurden.

»Der Erleuchtung ist es egal, wo sie dich trifft«, formulierte einmal ein Guru der Esoterik- und New-Age-Bewegung, und er hätte hinzufügen können: »Aber wisset, viel geliebte und viel zahlende Brüder und Schwestern, o ihr kreditwürdigen Inhaber goldener Kreditkarten: Berge sind in puncto Erleuchtung keine schlechten Orte.« Jedenfalls war in den Siebziger- und Achtzigerjahren meditatives Bergwandern und Gipfelhocken fest im Angebot der kommerziellen Religions- und Bewusstseinspanscher. Thomas Grasberger berichtet in seinem Essay »Wunden am Schädel der Riesen« (Sonderheft der Zeitschrift BERGE 2002) von nordamerikanischen Ureinwohnern, den Lakota, die ihren heiligen Berg Paha Mato in South Dakota/USA gegen das Vorrücken von 200 New-Age-Adepten zu schützen versuchten.

Manchmal möchte man die alten Berggeister beschwören, den ganzen Gipfelzirkus, die Verdrahtung und Betonierung abzuschütteln; aber dafür müsste man vermutlich erst einmal an sie glauben.

Das Kreuz mit den Gipfelkreuzen

Vor ein paar Jahren besuchte uns in Windach beim Ammersee, von wo aus man an klaren Tagen die Zugspitze scherenschnittartig gegen den Himmel gestellt sieht, unsere indische Freundin Manjula, eine junge Biologin aus Chennai (Madras) – klug, belesen, weltoffen. Obwohl sie schon Teile des Himalaja gesehen hatte, freute sie sich auf die Alpen, die auf den Kalenderblättern ihrer Kindheit immer »somehow nicer« wirkten als die wesentlich höheren Berge des heimatlichen Subkontinents.

In Oberammergau schaute sie lange zum Laber empor, wandte sich dann um 180 Grad und fixierte den Gipfel des Kofel. Dann wieder schwenkte ihr Blick zurück auf das etwas überdimensionierte Gipfelkreuz auf dem Laber, das zu Silvester hell erleuchtet zu Tale strahlt. Schließlich fragte sie: »Diese Kreuze …? Sind da oben christliche Heilige begraben?«

Ein nahe liegendes Missverständnis. Aber selbst wenn die katholische Kirche all ihre offiziellen und inoffiziellen Heiligen zusammenlegen und jedem einzelnen symbolisch einen luftigen Begräbnisberg zueignen würde, müssten etliche Alpengipfel unbekreuzigt bleiben. Aber ein Gipfel ohne Kreuz ist in den Alpen offenbar eine flagrante Unvollständigkeit. Weniger der Frömmigkeit wegen sondern eher deshalb, weil der Mensch einen unwiderstehlichen Drang hat, nicht nur zu erobern sondern seine Eroberungen auch weithin sichtbar zu machen.

Die Berge zu kreuzigen, ist eine relativ junge Sitte, die sich erst ab 1800 langsam verfestigte. Ich mag sie nicht, diese Sitte. Was nicht heißt, dass ich generell etwas gegen christliche Symbole hätte. Mir scheint es nur ein wenig so, als mache man damit jede nennenswerte Erhebung zum Galgenberg. Bergkreuze sind in meiner Wahrnehmung anmaßende Unterwerfungssymbole. Das Sinnbild der Todesüberwindung wird profanisiert und inflationiert. Berge als überdimensionierte Grabhügel.

Ich meine, es wäre nicht blasphemisch oder unchristlich, sondern eine Überlegung wert: Zieht den Gipfeln den eingerammten Stahl aus dem Leib!

Claus Peter Lieckfeld

F. VALLOTTON .19

Gebirgs-forschung

Vor der Erforschung der Berge stand der Tabu-Bruch: Das Renaissance-Genie Petrarca wagte eine (vermutlich) erste Bergbesteigung aus Neugier; bis dato galt die Annäherung an Gipfel als der Versuch, die Götter und/oder das Schicksal herauszufordern. Erst das 16. Jahrhundert sah erstmals Männer, die kühn aufstiegen um selber klar zu sehen.

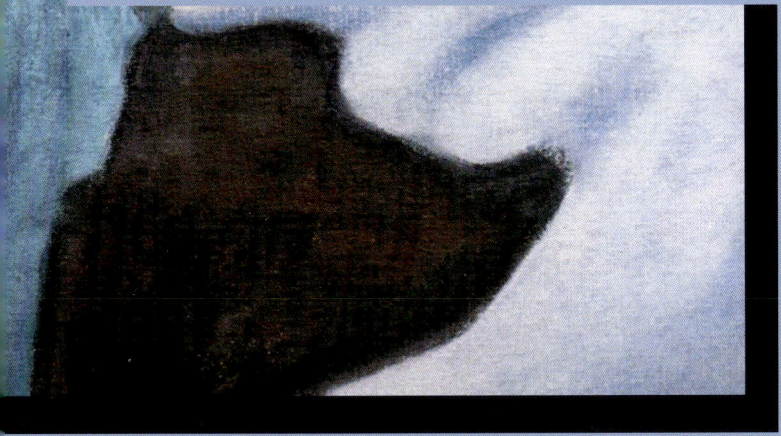

Pioniertaten

Zu einer Zeit, als Luther auf seinen Romreisen (1510 und 1511) die Schweiz noch ein »dürr und bergig Land« nannte, gab es kaum jemanden, der ihm widersprochen hätte – schon gar nicht mit wissenschaftlichen Argumenten. Die Alpen galten als nicht der Mühe wert, als lebensfeindlich, wenn nicht gar als Sitz böser Mächte. Man brauchte zwingende Gründe, um sich hierher zu begeben.

Noch in Zeiten, als christliche Seefahrer schon routinemäßig um die Welt segelten, wagte man sich noch immer nicht recht in die Hochgebirge. Zu dicht war der Filz des Aberglaubens, der um die Berggipfel lag, zu offensichtlich waren auch die realen Gefahren: katastrophale Wegverhältnisse, Wetterstürze, Räuberbanden, die wegen der Unübersichtlichkeit des Geländes dreist und ungestraft agieren konnten.

Von all dem ließ sich Leonardo da Vinci jedoch nicht schrecken: Er bestieg in Luthers Pilgerjahr (175 Jahre nach der Pioniertat von Petrarca, die nur bedingt von *wissenschaftlicher* Neugier inspiriert war, vgl. S. 128) einen von ihm Monboso genannten Berg, vermutlich den 2556 Meter hohen Monte Bô südlich des Monte Rosa. Er tat es nicht nur, um sich künstlerisch inspirieren zu lassen, sondern auch um etwas über Geologie, physikalische Daten und die Entstehungsgeschichte der Berge zu erfahren. »Dass die Berge durchgesägt wurden, lässt sich an den Schichten der Gesteine erkennen, die an den Einschnitten, die von den genannten Flussläufen gemacht wurden, auf beiden Seiten einander entsprechen. Die Berge sind gespalten von den Regen und den Flüssen«, notierte er beispielsweise über die erodierende Kraft des Wassers. Und eine seiner Zeichnungen, eine schneebedeckte Gebirgskette, verrät, dass Leonardo das Prinzip der Erosion bereits zu einer Zeit verstanden hatte und darstellen konnte, als seine Kollegen Berge noch als Steinhaufen darstellten.

Ein Bergforscher, der wohl unwidersprochen als Pionier der Pioniere gelten darf, hatte Heimvorteil. Conrad Gesner (1516–1565), Arzt aus Zürich, war zugleich einer der vielseitigsten Gelehrten seiner Zeit, und er war wie Leonardo ein Freigeist, der sich über den vorherrschenden Aberglauben hinwegsetzte und sich in die noch völlig unbekannte Welt der Hochlagen vorwagte. Bevor Gesner 1555 mit Freunden den Pilatus (2132 Meter) besteigen konnte, musste er allerdings eine Erlaubnis vom Luzerner Bürgermeister einholen, denn der Berg galt als verflucht und hochgefährlich. Im See unterhalb des Tomlishorns ruhte angeblich der römische Landpfleger Pilatus, bekanntlich ein Mitschuldiger an Jesu Martertod, also ein Verfluchter. Es hieß, ein fürchterliches Unwetter werde die Gegend verwüsten, wenn jemand auch nur einen Stein in den See werfe. Gesner hatte seine eigene Meinung über das Annäherungs-Tabu: »Ich möchte sogar glauben, daß Pilatus niemals an diesem Ort gewesen ist, und selbst wenn er da gewesen wäre, so ist keine Möglichkeit vorhanden, daß er nach seinem Tode den Menschen Gutes oder Böses tut.« Überaus mutige Worte in einer Zeit, als die katholische Macht wenig Skrupel hatte, Abweichlern von kirchenoffiziellen Gedankenpfaden notfalls sehr handgreiflich den Mund zu stopfen.

Gesners Pionierstellung lässt sich klar belegen: Er war einer der ersten, dem die Höhenzonierung der Pflanzenwelt auffiel: »Auf der obersten Höhe herrscht ein beständiger Winter, Schnee, Eis und kalte Winde. Dann folgt die Frühlingsgegend, nach einem sehr langen Winter ein sehr kurzer Frühling«; Pflanzen wie Veilchen, Huflattich und Pestwurz, die anderswo im Frühling blühen, entwickeln hier ihre Blüten erst im Sommer oder Herbst. Dann die »herbstliche Lage, in welcher drei Jahreszeiten vorkommen, Winter, Frühling und etwas Herbst, und endlich die unterste Tiefe, wo auch ein kurzer Sommer sich findet.«

Die Panorama-Skizze aus der Hand von Leonardo da Vinci gilt als erste realistische, perspektive getreue Alpendarstellung.

Auch der Anatom, Physiologe, Chirurg, Dichter und Botaniker Albrecht von Haller (1708–1777; vgl. S. 153) schilderte die Höhenstufen der Pflanzenwelt und zog Vergleiche zur europäischen Pflanzenwelt, von Spitzbergen über Schweden, Mitteleuropa bis Spanien. Er veröffentlichte ein dreibändiges Werk über die Flora der Schweiz, in dem 2486 Arten beschrieben sind – ein frühes Meisterwerk.

Eine vergleichbare Einteilung in Klimazonen nahm Alexander von Humboldt (1769–1859) im Jahre 1799 vor; er unterschied fünf verschiedene Kategorien: Tierra caliente – das heiße Land, Tierra templada – das gemäßigte Land, Tierra fría – das kühle Land, Tierra helada – die Froststufe der Gebirge und Tierra nevada – die Höhenstufe des ewigen Eises. Humboldt machte die entsprechenden Beobachtungen in Südamerika, daher die spanischen Namen.

Humboldt ging davon aus, dass sich das Klima mit zunehmender Höhe in ähnlicher Weise ändert, als bewege man sich von den Tropen in Richtung Pol – und hatte damit in vielen Punkten recht. Allerdings sind eine Menge Missverständnisse allein dadurch entstanden, dass die Ähnlichkeiten zwischen Hochgebirgs- und Polklima allzu schematisch verstanden wurden. Im Hochgebirge ist eben doch einiges anders als in Arktis und Antarktis: In den Hochlagen ist der Sauerstoffdruck weit geringer als im Tal; der ständige Wind und die starke ganzjährige UV-Einstrahlung werden zur permanenten Herausforderung für alle Lebewesen; der Tag-Nacht-Rhythmus dagegen entspricht im Hochgebirge dem der Tieflagen, während man sich an den Polen mit monatelangem Tag und monatelanger Nacht arrangieren muss. Vor allem aber müssen Lebewesen der Hochgebirge mit täglichen, extremen Temperaturschwankungen zurechtkommen, während die Organismen in Polnähe diese Wechsel eher im Jahresverlauf ertragen müssen und entsprechend mehr Zeit haben, sich darauf einzustellen.

Tastende Schritte bergwärts

Die Pioniere der Bergforschung im 16. und 17. Jahrhundert – die Gesners, Kappelers, Scheuchzers, de Saussures – standen gewissermaßen noch am Fuß des Berges, aber ihre

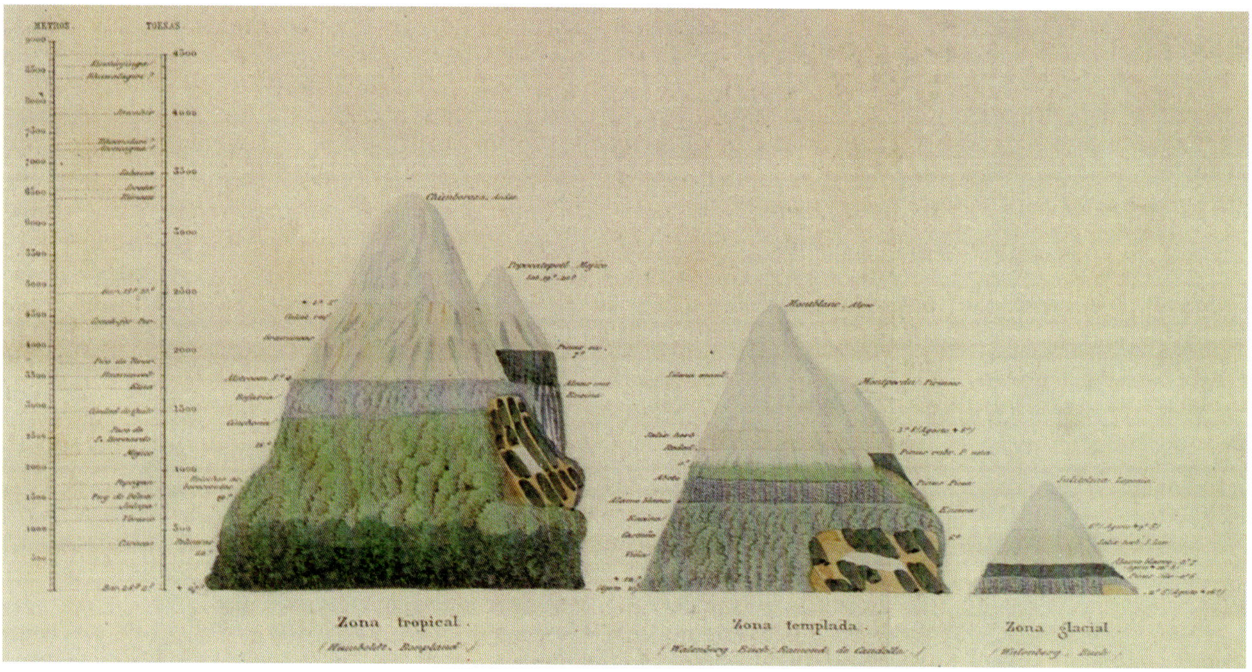

Am Chimborasso in Ecuador erforschte und skizzierte Alexander von Humboldt, was nach ihm als die Höhenzonierung am Berg bekannt wurde.

ersten Schritte waren zielführend. Nicht nur Gesner, auch der Luzerner Moritz Anton Kappeler (1685–1769) war im Hauptberuf Arzt. Seine wissenschaftliche Pioniertat war die erste Monographie eines Berges, des berühmten Pilatus (»Pilati monti historia«), ein Werk, in dem Gelände, Geologie, Klima, Wasserführung, Flora, Fauna und Alpwirtschaft des Pilatus beschrieben wurden. Außerdem befasste er sich mit der Physik der (Berg)kristalle, was ihm international großes Ansehen und schließlich sogar die Mitgliedschaft in der Königlichen Gesellschaft der Wissenschaften in London einbrachte. Die Insel war nicht nur das Heimatland der ersten Generation von Alpen-Gipfelstürmern (vgl. S.135), auch die Spitzen der Alpinwissenschaft holten sich an den hoch angesehenen Instituten und Fachschaften Englands gern internationales Renommee.

Ein anderer Alpenforscher, der Berge versetzte, war der Schweizer Gelehrte Johann Jakob Scheuchzer (1672–1733), ein Wunderknabe noch dazu, der schon als 10-Jähriger in Latein disputieren konnte. Scheuchzer zog im Auftrag des Rektors der Leipziger Universität 1694 zum ersten Mal in die Berge, um sich zunächst nur mit Alpenpflanzen zu befassen. Seiner ersten botanischen Exkursion folgten bald weitere, deren Ziel nicht mehr Pflanzen allein, sondern auch Mineralien, Tiere, Erze und Versteinerungen waren. Seine Beobachtungen und Ergebnisse erschienen in London unter »Itinera per Helvetia Alpina regiones« unter der Schirmherrschaft der Royal Society, deren Präsident damals Isaac Newton persönlich war!

Scheuchzer war – soweit man weiß – der Erste, der Höhenmessungen mit dem Barometer (dem Luftdruckmesser) im Gebirge anstellte; bis dato hatte man trigonometrisch die Höhe ermittelt, was weit ungenauer war.

Auf dem St. Gotthard stellte Scheuchzer klimatologische Forschungen an – entscheidende erste Schritte zu regelmäßigen Wetterberichten fürs Hochgebirge. Durch Untersuchungen an

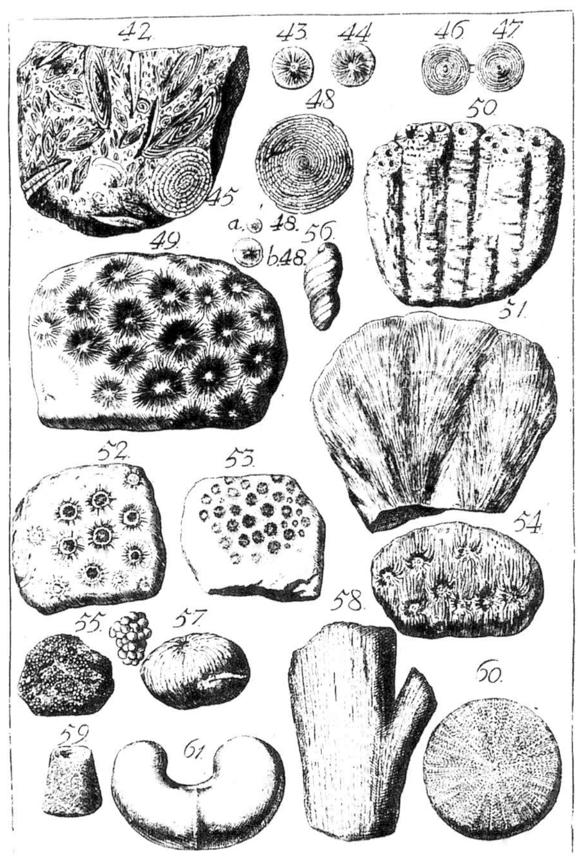

Jakob Scheuchzer widmete sich in seiner berühmten »Beschreibung der Natur-Geschichte des Schweitzerlandes« (1706) auch dem damals viel umrätselten Phänomen der Versteinerungen.

Titelbild zu Johann Jakob Scheuchzers berühmter »Natur-Historie des Schweizerlandes«.

Bergkristallen begründete der umfassend gebildete Züricher die Kristallographie. Außerdem war er ein früher Schrittmacher der Paläontologie; was er in den Alpen sammelte, ist heute im Paläontologischen Museum in Zürich ausgestellt. Scheuchzer betrachtete Fossilien nicht, wie damals noch üblich, als »Naturspiele« oder gar Arbeiten von Feen und Berggeistern, sondern stellte fest, dass es sich um versteinerte Pflanzen und Tiere handelte – eine epochale Erkenntnis. Auch die Darwin'sche Theorie von der Evolution der Arten, die mehr als 100 Jahre nach Scheuchzers Tod die Welt erschütterte, steht – was ihre paläontologische Beweissicherung anbelangt – nicht zuletzt auf Scheuchzers Schultern.

Kein Ende der Pioniertaten: Die für lange Zeit gültige Karte der Schweiz ging auf Scheuchzer'sche topographische Untersuchungen und seine anschließende Veröffentlichung der »Novae Helvetiae tabula« von 1712 zurück. Nicht genug damit: Er verfasste schließlich auch noch die »Naturgeschichte des Schweitzerlandes« – in deutscher Sprache und nicht in dem immer noch üblichen Wissenschaftslatein. Sein Großwerk enthält geologische Beschreibungen, Klima- und Wetterdaten, sorgfältige Beschreibungen von Gewässern, Mineralien und Fossilien. Bevor Scheuchzer auch noch die Beschreibung der Tier- und Pflanzenwelt sowie Völkerkundliches und eine Anthropologie der Alpenbewohner veröffentlichen konnte, starb er.

Seine »Naturgeschichte des Schweitzerlandes« wurde übrigens auch im Ausland gewürdigt, vor allem in England. Friedrich Schiller benutzte die Fundgrube als Nachschlagewerk bei seiner Arbeit am Wilhelm Tell. Und er konnte sich dort so perfekt bedienen, dass noch 200 Jahre später, im Schillerjahr 2005, darüber gerätselt wird, wie ein Dichter die Alpen, die er nie betreten hat, sprachlich so richtig, trefflich und anschaulich zu packen vermochte.

Was für den umfassend gebildeten Züricher galt, trifft auch für den alpinwissenschaftlichen Großmeister zu, der sieben Jahre nach Scheuchzers Tod zur Welt kam: Auch der Genfer Gelehrte Horace-Bénédict de Saussure (1740–1799) war von geradezu fanatischer Arbeitswut besessen. Sie allein hätte natürlich wenig bewirkt, wenn nicht ein paar verlässlichere andere Tugenden hinzugekommen wären. Planungstalent zum Beispiel.

Wenn ein Forscher vor 220 Jahren im Sinn hatte, einen Berg im Dienste der Wissenschaft zu besteigen, dann brauchte er vor allem eines: williges Personal. Als Horace-Bénédict de Saussure im Jahre 1787 mit Gehrock und Stulpenstiefeln den Montblanc erklomm, wurde er von einem Diener und 18 Helfern eskortiert, die seine Forschungsausrüstung schleppten. Auf dem Gipfel angekommen, gab er sich vier Stunden lang seinen wissenschaftlichen Untersuchungen hin: Er bestimmte (mittels Farbtafeln in 16 verschiedenen Abstufungen) die Intensität des Himmelsblaus, maß die Temperatur, bei der Wasser in Gipfelnähe kocht, feuerte Schüsse ab und machte sich Notizen zur Ausbreitung des Schalls, ferner zu Feuchtigkeit, zur »Elektrizität der Luft« und untersuchte »magnetische Einflüsse«; er sah sich den Schnee genau auf seine Struktur hin an, zählte – vermutlich schwer beeindruckt – seinen Pulsschlag und ermittelte per Barometer die Höhe des Gipfels.

De Saussure war ein wissenschaftlicher Gipfelstürmer, für die Glaziologie (Eis- und Gletscherforschung) war er Bahnbrecher, auch in den Disziplinen Meteorologie, Klimatologie, Flora und Fauna der Berge war er führend. Der Genfer entwickelte ein so genanntes Haarhygrometer zur Messung der Luftfeuchtigkeit, ein Instrument, das sich als ungemein wichtig und leistungsfähig erwies. Und er erkannte, dass sich ein Thermometer, in großer Höhe der Sonne ausgesetzt, deutlich schneller erwärmt als im Tal. Aus seinen Messungen errechnete er schließlich, dass am Berg die Temperatur um 0,64 Grad Celsius pro 100 Höhenmeter abnimmt. Und nicht zuletzt weil er sich selbst immer wieder zum Forschungsgegenstand machte, bemerkte er, dass der menschliche Organismus in der Höhe mehr Flüssigkeit verbraucht als im Tal.

De Saussure hat sich buchstäblich selbst »aufgearbeitet«: Gesundheitlich durch ein gigantisches Arbeitspensum angegriffen, starb er 1799 im Alter von 59 Jahren in ärmlichen Verhältnissen; ihn, der die Bergforschung revolutionierte, hatte die Französische Revolution wirtschaftlich ruiniert. Sein Nachruhm indes ist strahlend: Man kann die Bergforschung getrost in die Zeit vor und nach de Saussure einteilen.

Die eiskalte Wissenschaft – Gletscherforschung

Bergforschung war schon in ihren Anfängen ein interdisziplinäres Gebiet, und Universalgelehrte wie Scheuchzer und Humboldt hielten noch so ziemlich das naturwissenschaftliche Gesamtwissen ihrer Zeit unter einer Schädeldecke versammelt.

Es gab aber auch schon früh interessengerichtete Spezialisierungen. Gletscher zum Beispiel faszinierten in ganz besonderer Weise. Vielleicht auch deshalb, weil gerade hier die Spekulationen und Scheinerklärungen absolute Gipfelhöhe erreichten. Ein gewisser Johann Georg Altmann (1695–1758) zum Beispiel, Professor für Moraltheologie und Griechisch, später Pfarrer in Ins, vertrat noch die Meinung, die Gletscher seien nur der sichtbare, zu Tal fließende Teil eines riesigen eisbedeckten Meeres, das über den Bergen liege.

In der zweiten Hälfte des 18. Jahrhunderts bemühte sich Gottlieb Sigmund Gruner (1717–1778), Landschreiber von Landshut, um etwas, das man Rehabilitation der »Eisgebirge« nennen könnte, die bis dato überwiegend als eisige Monster und Todeszonen durch zeitgenössische Beschreibungen drifteten. Gruner dagegen sah die Funktion der Eismassen als Wasserspeicher und Puffer der Niederschlagsmengen. »Rechtfertigung der Berge aus der Darlegung ihres Nutzens, 1775« hieß denn auch seine Verteidigungsschrift, in der es zusammenfassend heißt: »Betrachten wir die Eisgebirge überhaupt und in Absicht auf ihre Schneedecken allein, so ist die Klage über ihr Dasein höchst ungerecht und ganz gewiß, daß diese beschneiten Firsten dem Lande ungleich nützlicher sind, als sie sein würden, wenn sie hingegen mit den fettesten Weiden bekleidet wären. Nicht nur reinigen sie uns die Luft, nicht nur unterhalten sie den Lauf der Flüsse und spenden uns durch dieselben so unzählige Wohltaten aus, sondern sie schützen uns zugleich vor vielem Verderben, dem wir sonst gewiß und sehr oft ausgesetzt sein würden. Würde die Menge des Schnees, der Sommer und Winter auf dieselben fällt, sich in Gestalt des Regens daselbst einfinden, so würde derselbe unfehlbar in großer Menge von den Bergen herunterströmen und wegen ihrem steilen Abhang durch die allzusehr aufgeschwellten Flüsse und Bäche beständige und gefährliche

Überschwemmungen verursachen und nicht nur den Anwohnern, sondern dem ganzen Lande unaufhörlichen Schaden zuströmen. In den heißen und trocknen Jahreszeiten hingegen würden, zu unglaublichem Nachteile des Landes, alle Flüsse vertrocknen, wenn nicht diese großen Schneehaufen ihnen beständig Unterhalt verschaffen würden.« Das liest sich wie die Vorwegnahme bedrückender Erkenntnisse, die heute angesichts weltweiter Gletscherschmelze aktuell sind.

Ein Titan der systematischen, exakten Gletscherforschung war der schon gewürdigte Horace-Bénédict de Saussure aus Genf. Von seinem ersten Aufbruch in diese neue Welt schreibt er: »Endlich ging ich im Jahr 1760 allein und zu Fuß in die Gletscher von Chamonix, die damals noch wenig besucht waren und zu denen der Zugang auch für schwer und gefährlich gehalten wurde.« Saussure lernte eigens Deutsch, um »Eisgebirge des Schweitzerlandes«, das damalige Standardwerk des Gottlieb Sigmund Gruner, lesen zu können. Der Westschweizer klassifizierte die verschiedenen Gletscher, befasste sich mit der Ursache der Spaltenbildung, untersuchte die verschiedenen Eissorten und erkannte, dass die Erdwärme einen wesentlichen Einfluss auf Schmelzvorgänge hat.

Manchmal wurden Erkenntnissprünge sogar brutal erzwungen: Nach der Katastrophe am 6. Juli 1846, als im Rofental der Naturdamm aus Geröll und Brucheis barst und der Inhalt eines Gletschersees talwärts tobte, begann man mit großem Engagement mit der Vermessung der Gletscher und der Erforschung ihrer Dynamik. Tiefenbohrungen wurden betrieben, Marken gesetzt, um Bewegungen genau bestimmen zu können. Und im Jahr 1895 fand schließlich die erste internationale Gletscherkonferenz statt – ein Gipfeltreffen der Experten.

Die Grenze zwischen Amateuren und Profis hatte damals allerdings noch keine mittlere Gletscherspaltenbreite. Ein versessener Freizeit-Glaziologe, Franz Josef Hugi (1796–1855), war im Brotberuf eigentlich Pfarrer und später Kantonslehrer, doch zu Recht galt er als erste Adresse der neuen Wissenschaftszunft. Seine Adresse klang allerdings zeitweise etwas ungewöhnlich: Hugi

Der berühmteste Alpenforscher seiner Zeit, Horace-Bénédict de Saussure, besteigt den Montblanc; die zeitgenössische, naive Sicht der Tat stammt von Christian Mechel, 1790.

TÜV für Bergforscher

Gebirgsforscher vergangener Jahrhunderte mussten ihren im Labor forschenden Kollegen einiges voraushaben. Ein besonders wetterfester, geländegängiger Bergkenner war der Arzt und Naturforscher Belsazar Hacquet; mehr als 30 Jahre lang war er jedes Jahr mehrere Monate lang in den Ostalpen unterwegs. Für Gleichgesinnte gab er um 1880 eine Art sportmedizinische Übersicht über die physischen und psychischen Voraussetzungen, die ein Freilandforscher im Gebirge mitbringen sollte:

»Der physische Bau des reisenden Naturforschers und Bergsteigers muß vollkommen wohl gebildet sein, und ohne Leibesgebrechen. Von 5 bis 5 ½ Schuhen (ca 150–170 cm) ist die beste Größe, denn höhere Menschen taugen nicht so gut dazu, und das aus folgenden Gründen. Ein allzu großer Mensch hat selten stärkere Muskeln als ein kurz untersetzter, folglich nicht mehr Kräfte, und doch wegen der Höhe seines Körpers mehr zu tragen als der letztere; ferner, je höher ein Körper ist, desto eher kommt er aus dem Gleichgewicht und desto häufiger ist er in Gefahr niederzustürzen, und je länger seine Knochen sind, desto leichter können sie brechen. Dies hat mir die Erfahrung sattsam erwiesen; denn diejenigen, die mit mir Berge bestiegen hatten und von ansehnlicher Höhe waren, dauerten das nicht aus, was ein kurz Untersetzter zu leisten imstande war…

Das Gesicht [Sehschärfe] muß gut und weit tragend sein, denn ein Myops [Kurzsichtiger] steht alle Augenblicke in Gefahr, sich zu beschädigen oder gar den Hals zu brechen. Die Lunge muß ohne allen Defekt sein, und die Füße kraftvoll und dauerhaft. Letzteres erhält man in der Jugend durch vieles Gehen und in der Folge durch häufiges kaltes Baden […] Nichts ist den Füßen so nachteilig wie warmes Wasser, indem die dicke Oberhaut an den Sohlen nie weggemacht werden darf, daher ist es gut, zu allen Zeiten Stiefel zu tragen, weil diese sie hervorbringen…«

Und schließlich hat Hacquet noch eine Empfehlung parat, die als innigliche Warnung vor »Wein, Weib und Gesang« (abzüglich Gesang) daherkommt: »Ferner muß ein Reisender nie beweibt sein, denn liebt er seine Gattin, wie es der Stand erfordert, so verliert er bei der Trennung viel von seinem Mute […] Da nun der reisende Naturforscher auf dieses angenehme Band der Liebe Verzicht tun soll, ebenso soll er auch allen übrigen nicht unumgänglichen Bedürfnissen entsagen, wie Tabak, Wein, warmen Getränken, weichem Bette, usw.«

Die Ekstase der Askese gipfelte immer schon am Berg.

residierte, wann immer es seine sonstigen Pflichten zuließen, in einer selbst gebauten Steinhütte auf der Mittelmoräne mitten im Unteraargletscher, um dort seine Studien zu treiben.

Hinab in den eisigen Schlund

Neben Hugis Hüttchen schlug später Louis Agassiz (1807–1873), ein ganz Großer der Gletscherforschung, sein Lager auf: das berühmte »Hôtel des Neuchâtelois«. Agassiz, Professor in Neuchâtel und in seinen späteren Jahren ungemein erfolgreich in Cambridge/USA, schlug quer über den Unteraargletscher in den Berner Alpen Holzpfähle ein, um zu sehen, was mit ihnen passiert. Die Pfähle wanderten innerhalb eines Jahres unübersehbar weiter und wurden schließlich vom Eis zermalmt.

Agassiz war insbesondere von den Gletschermühlen fasziniert und ließ sich sogar selbst in eines dieser Löcher abseilen. Seine lebendige Schilderung ist ein Stückchen Pionier-Wissenschaftsreportage: »Ich will in wenigen Worten diese Fahrt beschreiben, welche meine Reisegefährten meine Höllenfahrt nannten. Das Loch, welches geeignet schien, hatte acht Fuß Öffnung und schien senkrecht in große Tiefen zu gehen. Ich ließ den Dreifuß unseres Bohrers über dem Loch aufrichten. An einem Seile

Louis Agassiz (1807–1873) gilt als Pionier der Gletscherforschung; seine Arbeiten markieren den Anfang systematischer Eisforschung im Hochgebirge.

wurde ein Brett befestigt, auf dem ich saß, und überdies ließ ich mich mit einem Riemen um den Leib ans Seil anschlingen, so daß ich die Hände frei hatte. Um gegen das Wasser, das überall herabträufelte, geschützt zu sein, ließ ich mir auf die Schultern ein Bocksfell werfen und setzte eine Kappe von Murmelthierpelz auf. So stieg ich, mit Hammer und Stock bewaffnet, hinab. Escher leitete die Abfahrt; er legte sich platt auf den Bauch und bog sich über den Rand des Abgrundes hinaus, um meine Befehle zu hören. In 80 Fuß etwa traf ich auf eine Eiswand, die den Brunnen in zwei Abteilungen spaltete. Indem ich mich beim weiter Hinabfahren schief steuerte, ließ ich mich in die eine hinein und war sehr überrascht, als ich meine Füße plötzlich im Wasser fand. Ich befahl, mich hinaufzuziehen; allein, ich wurde nicht recht verstanden. Ich schrie laut, und nun zog man mich in die Höhe. Meine Freunde sagten mir oben, daß sie einen Augenblick schwerer Angst gehabt hätten, als sie meinen Schrei aus der Tiefe vernahmen; sie hatten große Mühe, mich heraufzuziehen, obgleich sie acht an der Zahl waren. Ich selbst hatte wenig über die Gefahren meiner Lage nachgedacht, und gewiß, hätte ich sie früher erkannt, ich hätte mich nicht ausgesetzt; die Reibung des Seiles brauchte nur einen der großen Eiszapfen auszulösen, um mich zu zerschmettern. Auch rathe ich Niemandem, diesen Versuch ohne wissenschaftliche Zwecke zu wiederholen.«

Agassiz und seine Mitarbeiter sammelten Daten über die Innentemperatur der Gletscher, ihre Bewegung, ihre Volumenveränderungen, und kartographierten all das akribisch. Die Theorie von den kommenden und gehenden Eiszeiten – damals von Kollegen als »aberwitziger« Gedanke abgetan, heute Erstsemesterstoff der Geologie – geht auf Agassiz zurück, einem Pionier der Feldforschung. Mit seiner 6-köpfigen Forschergruppe lebte Agassiz oft monatelang in der selbst gebauten Unterkunft auf dem Unteraargletscher. Dieser Unterschlupf aus Felsblöcken, durch die der Wind pfiff und das Wasser sickerte, das »Hôtel des Neuchâtelois«, wurde zum Treffpunkt der Größten der internationalen (Gletscher-)Wissenschaft aber auch des neugierigen Publikums. So wie man mehr als zwei Jahrtausende zuvor zur Tonne des Diogenes pilgerte, war die Agassiz-Höhle zu Beginn der Vierzigerjahre des 19. Jahrhunderts eine Quellgrotte der Erkenntnis. Das »Hôtel« wurde ein kleiner Bergmythos.

Natürlich war der klangvolle Name die ironische Benennung des Gegenteils, was den forschenden Hotel-Dauergästen damals auch gelegentlich Ärger eingebracht hat, nach der Devise: Ironie ist erstens Glücks- und zweitens nicht jedermanns Sache: Etliche Touristen hatten den Namen als Versprechen genommen; sie keuchten bergan, um einen Speisesaal in spektakulärer Umgebung, Liegestühle und wohlige Daunendecken zu genießen – und standen dann übel gelaunt vor der Steinhütte unter der das Schmelzwasser gluckste.

Im Jahre 1843 mussten die Gletscherforscher schließlich ihr »Hôtel« aufgeben, da das Eis dem Quartier zu stark zusetzte – für Agassiz eine höchst befriedigende Entdeckung: Der Gang der Ereignisse hatte seine Theorien bestätigt, dass Gletscher eine dynamische Angelegenheit sind.

Manchmal braucht die Wissenschaft jemanden, der Berge versetzen kann. Gesner, Scheuchzer, de Saussure, Agassiz und ein paar andere konnten das.

Mein Gletscher, dein Gletscher …

So ist er, der Mensch! Nachdem er über die Jahrhunderte in abergläubiger Schreckstarre vor den Gletschern gestanden hatte, stritt er sich mit seinesgleichen alsbald um Ausbeuterechte, sobald die Geister und Unholde vom Berg vertrieben waren. Um 1870 gab es ausgiebige juristische Debatten, wer eigentlich Recht und Berechtigung habe, die Gletscher kommerziell zu nutzen. Und so lange nichts verbindlich geklärt war, fing man schon mal munter an mit dem Geld-Verdienen. Ein schwunghafter Handel mit Gletschereis nahm seinen Lauf. In der Schweiz wurden sogar Zugseilbahnen zur Gewinnung von Gletschereis angelegt. Der Amerikaner Tudor – »think big!« war offenbar schon damals eine US-Devise – baute einen schwunghaften Eishandel auf. Ferrara und das französische Lanslebourg prozessierten darum, wer das Recht auf die Ausbeutung des Rhonegletschers habe. In Italien wurde mancherorts sogar eine Steuer auf den Verzehr von Eis und Schnee erhoben. Ein juristisches Gutachten von 1879 besagte schließlich ziemlich vollständig alles und nichts: »Hiernach müssen die Gletscher, weder wenn man sie als herrenloses Gut, noch wenn man sie als Wasserläufe, Staatseigentum oder im Privateigentum des Staates auffaßt, in Wirklichkeit ihr eigenes Dasein und eine selbständige, juristische Bedeutung haben.«

Rudolf Reschreiter: Tableau der Gletscherbewegungen vom Guslar-Vernagtferner von 1889 bis 1904.

Gipfelsturm ist ein Sache, permanentes Leben in großer Höhe eine andere.

Leben in dünner Luft – Menschen im Hochgebirge

Um dauerhaft dort existieren zu können, wo den Bewohnern moderater Höhen die Luft zu dünn und das Wetter zu extrem ist, brauchte es besondere Anpassungen: genetische und kulturelle. Eine ungeklärte Frage unter vielen: Warum macht Höhenluft langlebig?

Tödliche Höhen

Wer es einmal erlebt hat, vergisst es nicht: Ich hatte in Leh, der Hauptstadt von Ladakh, nach dem Anflug aus beinahe Meereshöhe auf 3500 Meter über Null, durchaus Mühe, die Hoteltreppe in den ersten Stock zu bewältigen. Und während ich mit einem eigentümlich dumpfen Kopfschmerz aus dem Fenster schaute, hörte ich ein gleichmäßig schlagendes Geräusch, fast wie das Wischen von Jazzbesen. Einheimische Mädchen übten sich auf dem Hotelvorplatz im Seilspringen – ausdauernd, schwatzend, unangestrengt.

Erfahrungen wie diese stoßen Fragen an. Wie sehr sind Menschen überhaupt fürs Hochgebirge gemacht? Und warum die einen mehr und die anderen weniger? Veronika und meine beiden Töchter hatten fast keine Anpassungsprobleme.

Auf Temperaturen kann sich der Mensch bis zu gewissen (Kälte-)Graden einstellen. Aber was den Sauerstoffmangel in großer Höhe anbelangt, verdünnt sich der Toleranzbereich von Höhenmeter zu Höhenmeter.

Schon die nackten physikalischen Konstanten sind einschüchternd: In 5500 Meter Höhe enthält ein Kubikmeter Luft nur noch die Hälfte, in 8500 Metern Höhe nur noch ein Drittel der Sauerstoffmenge, die ein Kubikmeter Luft auf Meereshöhe hätte. 2000 Meter über dem Gipfel des Mount Everest endet die Atmosphäre, die Gashülle, die unseren Planeten erst bewohnbar macht. Und das heißt: »Schon der Aufenthalt [...] in über 8000 Meter Höhe kommt einem langsamen Sterben gleich. Der extreme Sauerstoffmangel führt zur gefährlichen Unterversorgung im Gehirn – einen klaren Gedanken zu fassen, fällt da schwer.« (www.geoscience-online.de).

Schlaf bringt jenseits von 7000 Metern fast keinerlei Regeneration mehr. Ein stählerner, durchtrainierter Organismus schafft es bestenfalls eine kleine Weile den Totalzusammenbruch abzuwehren. Diese kurze Frist nutzen Extrembergsteiger für ihre Jagd auf die Achttausender.

Aber was genau geschieht in dünner Luft? Bei Sauerstoffmangel werden die Blutgefäße wasserdurchlässig. Wasser sammelt sich im Gehirn und in der Lunge an und führt zu extremen Kopfschmerzen, Lungenödemen und schlimmstenfalls zum Tod.

Das Rätsel Höhe

Bevor sich die Menschen die Höhenkrankheit erklären konnten, führten sie das große Unwohlsein – wie all die anderen Gefahren am Berg auch – auf die Macht der Götter zurück: Wer denen zu nahe kam, wurde mit Schwäche bestraft. Völlig zu Recht, hatte sich der Mensch doch widerrechtlich auf tabuisierten Grund vorgewagt. Wer sich in Gefahr begibt, kommt darin um, sagt der Volksmund – aber die Zeit, in der alles Unerklärliche mit einem Fingerzeig nach oben beantwortet wurde, ging Anfang des 18. Jahrhunderts mit beginnender Aufklärung auch am Berg zu Ende.

Schon der seinerzeit berühmteste Gletscher- und Bergforscher de Saussure war fasziniert von der Wirkung der Höhenluft. 1787 schrieb er über seine Selbsterfahrungen bei der Montblanc-Besteigung: »Die Luft daselbst ist so dünne, dass die Kräfte den Augenblick erschöpft sind: Am Gipfel konnte ich kaum 15 oder 16 Schritte tun, ohne nach Luft zu schnappen; ich fühlte sogar von Zeit zu Zeit eine angehende Ohnmacht, die mich zwang, mich zu setzen. So wie ich indes wieder zum Atem kam, stellten sich die Kräfte wieder ein [...].«

Saussures Experimente waren durchaus mutig, denn zu seiner Zeit war man überzeugt, der Mensch müsse schon in weit geringerer Höhe ernsten Schaden nehmen, wenn er dem lebensfeindlichen Klima des Hochgebirges ausgesetzt sei. So schreibt Johann Jacob Scheuchzer

Gipfelstürmer mit Sauerstoffmasken auf dem Mount Everest: Immer noch ein extremes Unterfangen, obwohl schon seit Jahren Stoßverkehr herrscht am höchsten Punkt der Erde.

(1672–1733), schon mancher Gebirgsreisende habe beim Naseputzen seine Nase anschließend im Schnupftuch wiedergefunden – weggeschneuzt unter dem Einfluss des abträglichen Gebirgsklimas. Und die Tatsache, dass man in Hochlagen oft einen Bärenhunger entwickelt, war ihm und seinen Zeitgenossen als »kalter Berghunger« bekannt.

Es dauerte lange, ehe man all diese Phänomene annähernd in den (Be)griff bekam. Höhenkrankheit blieb lange ein Rätsel. Eine ganze Serie von Experimenten wurde 1903 auf der Punta Gnifetti gestartet, um dem geheimnisvollen Leiden auf die Spur zu kommen. Fünf Wissenschaftler machten den italienischen Bergsteiger-Stützpunkt Capanna Regina Margherita zum Physiologie-Labor. Sie ließen zwei Affen, drei Hunde und ein paar Kaninchen in Käfigen hinaufschleppen und unterzogen auch sich selbst verschiedenen Tests, maßen ihre verbrauchte Atemluft, überwachten genau die Nahrungsaufnahme und analysierten den Stoffwechsel. Die Sache entwickelte sich hochdramatisch: Der Proviantnachschub blieb aus, das Trinkwasser ging nach 3 Tagen zur Neige. Die Datensammler mussten zeitweise im Orkan angeseilt ins Freie und Eis sammeln, um daraus Trinkwasser schmelzen zu können. Immerhin fanden sie heraus, dass Blut auf Gipfelhöhe weniger Sauerstoff enthält als in moderaten Höhen.

Wo der Kopfschmerz wohnt

Seither wurde viel Wissen über Höhe und ihre entkräftende Wirkung auf den menschlichen Organismus gesammelt, aber die Grundrezeptur gegen Höhenkrankheit ist gleich geblieben: Sich vorm und beim Aufstieg Zeit lassen und dem Körper die Chance geben, sich anzupassen. Bergsteiger im Himalaja arbeiten sich erst nach langer Akklimatisationsphase langsam höher. Nur so können Extremathleten ohne Sauerstoff auf über 8000 Meter steigen und leiden dabei »nur« unter Kopfschmerzen, Appetitlosigkeit und herabgesetzten geistigen und physischen Fähigkeiten. Jemand, der sich dagegen auf ein Mal von Meereshöhe auf 8000 Meter Höhe hochkatapultieren ließe, wäre vermutlich innerhalb von fünf Minuten bewusstlos und nach 20 bis 30 Minuten tot.

Auf der Fahrt von Lima nach Huancayo, der höchstgelegenen Bahnlinie der Welt, die innerhalb eines Tages von Meereshöhe bis auf 4754 Meter aufsteigt, sind die Schaffner verpflichtet, Sauerstoff für Reisende bereitzuhalten.

Kraftlos werden mit der Höhe übrigens nicht nur Menschen, sondern auch Maschinen. Pro 300 Höhenmeter lässt die Leistung um 3 % nach.

Außerdem wird mehr Kohlenmonoxid abgegeben als üblich – die Folge unvollständiger Verbrennung. Und die Motoren saufen schneller ab, weil das Gasgemisch mit zunehmender Höhe und dünnerer Luft immer fetter wird. Doch höhenkranke Motoren lassen sich relativ einfach »heilen«: Man stellt den Vergaser neu ein.

Akklimatisation kann sogar Schlachten entscheiden: Beim Grenzkonflikt zwischen China und Indien 1962 traten chinesische Soldaten, die in Tibet stationiert waren, gegen indische Truppen an, die aus dem Tiefland auf Höhen zwischen 3300 und 5500 Metern geflogen wurden. Die Inder waren zu erheblichen Teilen schon ohne Feindberührung geschlagen. Ihre Generalität hatte nicht einkalkuliert, was schon den Inka vertraut war. Die nämlich wussten, dass Akklimatisation Zeit kostet – Zeit, die man im Kriegsfall unter Umständen nicht hat. Das einst mächtigste Bergvolk der Anden leistete sich daher zwei Heereseinheiten: eine fürs Tiefland und eine für Bergscharmützel.

Für den Berg geboren

Die magische Grenze, jenseits derer ein Leben auf Dauer nicht möglich ist, scheint bei der Marke von 5450 Meter zu liegen. Oberhalb dieser Höhe gibt es nirgendwo auf der Welt feste Siedlungen, höchstens vorübergehende Biwaks oder Kurzzeitunterkünfte. Selbst Akklimatisation und genetische Selektion können an dieser Grenze nicht rütteln.

Aber unterhalb der Fünfeinhalbtausend-Meter-Grenze ist vieles möglich; ganz offensichtlich kommen manche Menschen mit der dünnen Hochgebirgsluft weit besser zurecht als andere: Im 17. Jahrhundert lebten 20 000 Spanier in Potosí (Peru) auf etwa 4000 Meter Höhe und man darf annehmen, dass es die Kolonisatoren mehr als deprimierte, dass in ihren Familien einfach keine Kinder geboren wurden, während die unterworfenen Einheimischen sich fröhlich vermehrten. Erst nach 53 Jahren wurde in Potosí das erste spanische Kind geboren. Es bedurfte

Der spanische Eroberer Hernando Cortez (1485–1547) fürchtete die Gebirgsblockaden ebenso wie reißende Flüsse und die Schwüle der Niederungen.

Die Menschen in den Hochlagen der Anden sind kleinwüchsig; nur wenige Kilo durch diese Extremwelten zu tragen, ist offenbar ein Überlebensgebot.

einiger Generationen und genetischer Vermischung mit den Einheimischen, bis die Geburtenrate der Spanier an die der indigenen Bevölkerung heranreichte. Wahrscheinlich werteten die Andenbewohner die Kinderlosigkeit der selbst ernannten neuen Landesherren als Fluch der Götter. Das Problem mit der Höhenanpassung zeigte sich übrigens nicht nur bei den Menschen. Weil Hühner, Pferde und Schweine, die die Spanier mitgebracht hatten, in großer Höhe ebenfalls unfruchtbar wurden, verlegten die Nachfolger der Conquistadores ihre Hauptstadt 1639 von Jauja in 3300 Meter Höhe nach Lima, sechs Kilometer von der Pazifikküste entfernt.

Heute wissen wir, dass Hochgebirgs-Neulinge auf den Stress des niedrigen Sauerstoffdrucks mit verminderter Sperma-Fruchtbarkeit reagieren. Und selbst wenn die Befruchtung klappt, hat der Fötus schlechte Überlebenschancen: Er bekommt ganz einfach nicht genügend Sauerstoff im Mutterleib. Die werdende Mutter müsste im letzten Schwangerschaftsdrittel pausenlos hyperventilieren, um diesem Übel abzuhelfen. Einheimische Schwangere dagegen haben eine größere Plazenta und können so die Sauerstoff- und Nährstoffzufuhr für ihre Babys garantieren.

Allerdings sind die Neugeborenen auch bei alteingesessenen Hochlagenbewohnern deutlich leichtgewichtiger als Babys aus tieferen Lagen. Dieser Rückstand wird nach der Geburt nicht aufgeholt, sondern verstärkt: Hochlagenkinder entwickeln sich langsamer, die Pubertät setzt später ein. Nur in einer Hinsicht übertrifft das Wachstum der Bergkinder deutlich das der Tiefland-Menschen: bei Brustumfang und Knochenmark. Hochlandbewohner haben die charakteristische Fassbrust, die sich entwickelt, weil Lunge und Herz ungewöhnlich groß sind. Auch der relativ große Gehalt an Knochenmark ist eine Anpassung an die Höhenluft: Im Knochenmark werden rote Blutkörperchen produziert; in Hochlagen ist es natürlich sinnvoll, besonders viele davon zu haben, weil dann umso mehr Sauerstoff im Blut transportiert werden kann – eine gute Anpassung an sauerstoffarme Höhenlagen.

Zu viel Aufwand für ein Leben, das so hoch droben doch nur Entbehrung und Härten bringt – so jedenfalls sollte man meinen. Aber dem ist nicht ganz so. Die Lebensbedingungen in großer Höhe sind nicht nur für Menschen und ihr Vieh ungünstig, sondern auch für Erreger und Parasiten aller Art. Masern, Windpocken, Malaria, Hakenwürmer sind für Hochlandbewohner kein Thema. Wenn die Bergler allerdings ins Tiefland kommen, attackieren die Erreger in ihrer Artenvielfalt sie mit voller Wucht. Die Hochgebirgssiedler haben kaum Abwehrkräfte. Tibetische Flüchtlinge, die nach dem Überfall und der Besetzung ihres Landes durch die Volksrepublik China in Indien Asyl fanden, starben in den heißen, südindischen »settlements« in den ersten Jahren beinahe epidemisch; ihr Heimweh nach den Schneebergen war sicherlich nicht nur psychisch, sondern auch ein Hilfeschrei des Körpers.

Noch ein Vorteil des Lebens auf dem ständigen Höhe-Punkt zeichnet sich ab: das Methusalem-Phänomen. Über 100 Jahre alte Menschen kommen unter Hochlandbewohnern relativ häufig vor; über sie wird aus Kaukasien, dem Hunzatal im nordwestlichen Pakistan, aus Kaschmir und den ecuadorianischen Anden berichtet. Der Zweifel, ob da jeder Greis wirklich über sein Geburtsdatum richtig informiert ist, mag zwar berechtigt sein. Aber in den Anden gibt es mancherorts Geburtsregister mit nachprüfbaren

Ein Leben in großer Höhe beschert auffällig häufig hohes Alter. Diese Südtiroler Bergbäuerin hat die 90 in bester Gesundheit erreicht.

Angaben: Bei einer Überprüfung der Geburtsregister im Dorf Vilcabamba im Jahre 1971 fand man die Bestätigung, dass neun von den 819 Einwohnern über 100 Jahre alt sein mussten.

Kälte ist nicht gleich Kälte

Zwar ist für fast jede Temperatur heute ein »künstliches Fell« im Angebot, aber grundsätzlich ist der Homo sapiens eher ein

Romantisch nennen den Bergbauern-Alltag nur die gelegentlichen Besucher, die keine rechte Vorstellung von harter körperlicher Arbeit in Hochlagen haben.

Tierchen der gemäßigten und tropischen Breiten. Ein nackter inaktiver Mensch fängt bei 27 °C an zu bibbern.

Wahr ist allerdings auch, dass sich per Akklimatisation Erstaunliches erreichen lässt. Wenn die Nerven durch Gewöhnung unempfindlich werden und der Stoffwechsel entsprechend erhöht wird, können Menschen mit dünnsten Decken bei frostigen Temperaturen schlafen, ohne Schaden zu nehmen. Die Hände von Menschen, die seit vielen Generationen in subarktischen Regionen leben, sind bekanntermaßen wärmer als die von Neuankömmlingen: eine Folge des erhöhten Stoffwechsels. Im kleinen Maßstab ist unsereinem die Anpassung an tiefe Temperaturen ja auch vertraut: Nach warmen Spätsommertagen im Herbst friert man schon bei 8 °C weit mehr als im Winter bei –2 °C.

Ein überaus eindrucksvolles Beispiel für die erstaunliche menschliche Fähigkeit, sich an Kälte anzupassen, protokollierten Forscher im Verlauf einer Himalaja-Expedition in den Jahren 1960/61. Die Amerikaner, die diese Expedition durchführten, begegneten in 4650 Metern Höhe einem nepalesischen Pilger. Er trug ein dünnes Hemd, eine einfache Hose aus Baumwolle und einen alten khakifarbenen Übermantel und hatte weder Schuhe noch Handschuhe, geschweige denn einen warmen Schlafsack bei sich.

Der Pilger lief die nächsten vier Tage bei der Expedition mit, bewegte sich barfuss über den Schnee und schlief bei –13 °C im Freien. Die Forscher luden den Mann schließlich in ihr Camp ein und baten ihn, dass er ein paar Messungen über sich ergehen ließe. Der Pilger willigte ein und lehrte die Fachwelt das Staunen: Wenn er bei Null Grad schlief, waren seine Hände und Füße nicht kälter als 10 °C; sein Kältezittern war bei dieser Temperatur so gering, dass er nicht einmal davon aufwachte; auch Anzeichen für Frostbeulen waren nicht zu entdecken. Die Amerikaner stellten fest, dass seine Stoffwechselrate erheblich höher war als üblich: Sie betrug bis zum 2,7fachen des Standardwertes. Mit anderen Worten, er brauchte Nahrung mit fast dreimal so viel Brennwert wie Otto Normalverbraucher – ein kleines physiologisches Wunder.

Man kannte sie nicht und beurteilte sie doch

Hunger schien lange so unvermeidlich zum Leben der Bergbauern zu gehören wie Schnee und kurzer Sommer. Bergvolk war armes Volk. Aber diese schlichte, harte Tatsache war offenbar lange nicht der Rede wert. Geheimrat Goethe, ein Vielfach-Alpenquerer, beschrieb zwar genauestens seine Befindlichkeiten und die Gefühle, die die Landschaft bei ihm hinterließ, über die Bewohner der Alpen aber verlor er kaum ein Wort. Andere äußerten sogar Geringschätzung. Über die Wirkung der Bergluft auf den Menschen schreibt der Geistliche Gilbert Burnet (1643–1715): »Die Leute

sind da aufrichtig und redlich, aber zugleich ein wenig plump und verdrossen darbey, welches, nach ihrer Meynung, von der dicken und feuchten Luft, die sie durch den Athem an sich ziehen, herrühret.«

Unwissenheit ist seit jeher der beste Nährboden für Plattschaufel-Argumente. Touristen und Gelehrte machten sich in aller Regel kein Bild davon, wie hart es war, unter den Bedingungen des Bergklimas – kurze Sommer, Temperaturextreme, wirtschaften in Steillage – seinen Lebensunterhalt zu sichern. Was sie allerdings nicht daran hinderte, ihre Vorurteile über die Bergler zu pflegen und zu äußern. Der deutsche Schriftsteller Ludwig Wallrath Medicus bezeugt 1795 in seinen »Bemerkungen über die Alpenwirtschaft« allenfalls die eigene Ignoranz, wenn er anmerkt: »Die Gebirgs-Schweizer [...] bauen meistens gar kein Getreide; nicht weil ihr Land dazu völlig unfähig wäre, da dasselbe in allen Thälern vortrefflich gedeihen würde, sondern weil dazu zu viele Arbeit erfordert wird, und ihnen diese zu mühselig ist.« Und der Altdorfer Arzt Anton Elsener mäkelte, dass das Land »nach althergebrachtem Schlendrian verwahrloset«. Schlimmer noch, der schweizerische Schriftsteller Philippe Sirice Bridel (1757–1845) war offenbar der Meinung, die Walliser Hirten seien insgesamt nur knapp auf der Stufe des Menschseins angekommen: »Nirgend sah' ich Menschen, die in Rücksicht auf Phisiognomie, Kleidung, und die vollkommenste Unwissenheit über alles was nicht zu ihrem Küheberufe gehört, so ganz von allen Städtern verschieden, und so nahe der Natur sind, als diese Walliser-Hirten. Ich will eben nicht sagen, daß sie bloß auf Instinct eingeschränkt seyen, – sondern ihre Vernunft, nur noch in einer kleinen Zahl von Vorfällen und Umständen beübt, gleicht einem Kinde, das eben zu gehen anfängt, und dem noch viele Entwicklung mangelt, um Mensch zu seyn.«

Von einigen Bergbewohnern hieß es sogar, man könne mit ihnen keinen Staat machen: menschliches Gestrüpp, verfilzt von anarchistischer Eigenbrötelei! Der Luzerner General Franz Ludwig Pfyffer (1716–1802), dessen bahnbrechende Vermessungsarbeiten der Schweiz bis heute Bedeutung haben, schrieb über die Anwohner des Pilatusgebietes: »Mit Stolz blicken sie auf die Thalbewohner herab, überlisten sie, wo es möglicht ist, und nur unter einander selbst sind sie ehrlich. Zwar stehen sie unter der Souveräntität des Cantons Lucern. Aber dessen ungeachtet dispensieren sie sich von dem Gehorsam gegen die Verordnungen desselben, überzeugt, daß man sie in ihren Felsenverschanzungen nicht dazu zwingen werde. Zu den Gedanken an Religion lassen ihnen ihre strengen, ununterbrochenen häuslichen Arbeiten keine Zeit übrig. Kommen sie herunter ins Tal, so gehen sie, maschinenmäßig, dem Haufen nach, in die

Messe, und man hört sie nie weder *für* noch *gegen* den lieben Gott reden. Hingegen sprechen sie über Gegenstände der Natur mit vieler Einsicht.«

Damals hatten die Schweizer offensichtlich noch nicht pauschal und flächendeckend den Ruf, Sauberkeitsfanatiker zu sein. Der deutsche Schriftsteller Heinrich Zschokke (1771–1848) mokierte sich 1812 über die Bewohner der Schweizer Hochalpen: »Hier fehlt noch meistens jene Sauberkeit der Wohnungen und Kleider, die im größten Theil der Schweiz so gefällig anspricht. Diese Selbstvernachlässigung des Äussern, diese Unreinlichkeit der Gebäude und Wohnzimmer, dieser Mangel der Ordnung und des Geschmacks ist aber nicht immer die Wirkung der Noth und Armuth, sondern jener trägen Gleichgültigkeit gegen das Anständige und Schöne, welche denen eigen zu seyn pflegt, die in roher Genügsamkeit mit sich und ihrem Thun um das Wohlgefallen Andrer wenig bekümmert sind.«

Der gefährlichste Beruf der Berge: die Flößerei – Holztransport aus den Hochlagen in die die Niederungen. Flößer wurden selten alt.

Der Pfarrer und Volkskundler Nicolaus Sererhard berichtet 1742 sogar von einem seltsamen Menschenschlag, der im Bündnerland gesichtet worden sei, am ganzen Körper stark behaart sei und ungemein schnell laufen könne – offenbar eine Art Schweizer Yeti.

Für die einen waren die Bergbewohner der Schweiz ungehobelte Barbaren, die anderen idealisierten sie als edle Wilde, die sich ihre paradiesische Unschuld bewahrt hätten. Ganz auf der Linie Rousseaus schrieb der Deutsche Johann Gottfried Ebel über die »Gebirgsvölker der Schweiz« (1798): »Der Anblick gesunder, thätiger, reinlich gekleideter Menschen, ihre zufriednen und frohen Gesichter, ihr patriarchalisches Wesen und ihre bezaubernde Unbefangenheit vereinigen sich mit dem Schauspiel der erhabensten Natur, um dem denkenden und fühlenden Reisenden reinen Seelengenuß zu verschaffen und ihn in eine ganz neue Welt zu versetzen.«

Der Theologe und Philosoph Johann Rudolf Wyss (1743–1818) fand, in modernen Jugend-Slang übersetzt, den Bergler total cool; er »gleicht der Luft, in welcher er sein Leben zubringt, ruhig, kalt, rein und heiter, in sich gekehrt, oft etwas schwermütig, ohne brausende Leidenschaft. Seine rühmenswerthe Seite ist ein rundes, ungezwungenes Benehmen, eine Gleichmüthigkeit die weder von Begierden noch von Grillen oder Launen so leicht aus der Fassung gebracht wird.«

Für diese stoische Gemütslage hatte der deutsche Schriftsteller und Liederkomponist Karl Spazier seine eigene Erklärung (1790), einseitige Ernährung sei der Grund: »Der stete unausgesetzte Genuß von Milch und Käse, der fast mit gar nichts anderm abwechselt, muss zwar freilich wohl, wenn man will, kindlichen, aber auch matten Sinn geben, und klinge es so sonderbar als es wolle, aber ich glaube, wer gar keine salzigen, geistigen und scharfen Speisen und Getränke genießt, dessen Seelenfähigkeiten können auch nicht viel zu bedeuten haben.« Die Folge von »Niedele und Käse« sei, so Karl Spazier, ein »ungewöhnliches Phlegma.«

Milch macht Menschen meschugge? Sanfte Verblödung durch Käsegenuss? Diametral anders sah das Nicolaus Sererhard: »Theils ist auch die edle Milch andern Speisen weit zu preferieren wegen ihres guten Affects zur Gesundheit und Nahrung, man siecht solches augenscheinlich an unsern Alpknechten, welche wann sie mager in die Alpen, beynache alle ganz fett, und gleichsam wie gemästet aus den Alpen kommen.«

Für die Reisenden aus dem Flachland blieb es lange rätselhaft, warum sich Menschen im Gebirge freiwillig ansiedelten. Der Uetikoner Pfarrer Johann Conrad Fäsi meinte 1765, der Drang nach Freiheit müsse der Grund der Ortswahl gewesen sein: »Hätte die Freyheit hier nicht ihren Siz, würde eine harte eigenmächtige Regierung die Einwohner drüken – so ist es überaus wahrscheinlich, daß diese engen, hohen, auch dem ersten Anschein nach rauhen Thäler, kaum von acht bis zehentausend Menschen würden bewohnt seyn. Nur die Freiheit, nur die Überzeugung, daß man das Seine, sey es noch so gering, ungestört genießen könne, pflanzt auch gegen ein rauhes Land, und dessen Verfassung Liebe ein.«

Weitaus unromantischer äußerte sich der Schweizer Pfarrer Hans Rudolf Schinz im Jahre 1783; er wähnte eine Art geographischen Sozialdarwinismus am Werk: »Die bequemeren Weidegänge wurden auf der Ebene von den Mächtigern eingenommen, die Schwächern mussten weichen; sie rückten mit dem Vieh den Berg an; sie drangen hinauf bis an die Alpen.«

Not macht erfinderisch

Weiß man heute Genaueres? Bärenjäger streiften schon vor der letzten Eiszeit, also vor etwa 20 000 Jahren durch die Alpen. Doch eine dauerhafte Besiedlung kann erst nach der letzten Eiszeit stattgefunden haben, als sich die Moränen, der Geröllnachlass der Gletscher, allmählich begrünten, als Rothirsch, Reh, Gams und Steinbock, als Bären, Luchse und Wölfe in die Berge zurückkehrten. Primitive Steinwerkzeuge beweisen, dass vor 6000 bis 10 000 Jahren wieder Jäger durch die Alpen zogen. Gut möglich, dass sie dem Wild vor allem in den Hochlagen nachstellten, wo es leichter zu entdecken und zu jagen war als im Wald.

Etwa um 5000 vor Christus ließen sich die Menschen dauerhaft in den Alpen nieder. Damals waren Viehzucht und Ackerbau schon erprobte Formen, um den Lebensunterhalt zu sichern.

Aquarell von Johann Brandstetter aus dem Jahre 2002 mit wissenschaftlichem Anspruch: Etwa so stellt sich die Wissenschaft den berühmten Ötzi bei der Überquerung des Similaungletschers vor.

Zu einem Kronzeugen dieser Besiedelung wurde Ötzi, die berühmteste Eisleiche der Welt. In den Rocknähten des gemeuchelten Alpenmenschen aus der Bronzezeit fanden sich unter anderem Getreidekörner.

Doch nicht die Täler mit ihren Flußauen waren der gefragteste Siedlungsgrund, sondern die Terrassen über dem Tal; diese Plateaus sind der Rest des ursprünglichen Talbodens, der übrig blieb, nachdem die Gletscher ein zweites, tiefer gelegenes Tal ausgeschürft hatten. Dort oben war man vor Hochwasser sicher; außerdem waren die Talwiesen damals noch weitgehend sumpfig und alles andere als einladend. Die Bergschultern zeigten sich auch klimatisch meist freundlicher als die Tallagen, wo sich Kaltluftseen sammelten; die Sonne schien hier, je nach Lage des Tales, länger als im Talgrund; und bedeutsam war sicherlich auch, dass räuberische Zeitgenossen von unten angreifen mussten und von oben leichter zu entdecken und abzuwehren waren.

Wie im Flachland mussten die Neu- und Festsiedler erst einmal den Wald zurückdrängen; ein Prozess, der bereits in der Bronzezeit begann. Einen Teil der Arbeit erledigte das Vieh, das in die Wälder getrieben wurde (Waldweide) und den Jungwuchs abfraß; die Wälder vergreisten und starben langsam ab. Die Folge: Die ehemals geschlossenen Wälder lichteten sich. Die Menschen halfen mit Feuer nach und Holz zum Häuserbau konnte man seit Erfindung der Bronzeäxte auch verhältnismäßig leicht einschlagen.

Dort, wo es an Steilstellen oder im felsigen Gelände zu mühsam war, die Bäume zu fällen, hielten sich Urwaldreste. Noch heute sieht man Waldstreifen entlang scharf eingeschnittener Bachbetten. Eine lebenswichtige Waldschutz-Lektion lernten die Alpensiedler schnell: Wald über den Dörfern musste als Schutz gegen Lawinen, Muren und Steinschlag stehen bleiben. Schon im 14. Jahrhundert wurden Bannwälder ausgewiesen, die nur unter strengsten Einschränkungen genutzt werden durften.

Fehler zogen ihre Bestrafung beinahe mit naturgesetzlicher Regelmäßigkeit nach sich. Gegen Risiken musste man sich absichern, und ein Kardinalfehler wäre es gewesen, am Berg alles auf eine Karte zu setzen.

So ist zum Beispiel das Klischee, demzufolge der Älpler Milchwirtschaft in Monokultur betreibt, von Ausnahmen abgesehen grob falsch. Es fanden und es finden sich typischerweise im Alpenraum kleinräumig verteilte Nutzflächen: Im Talgrund dominierte häufig Obstbau, auf der Hangschulter, wo auch das Wohnhaus mit Scheune und Stall stand, war Platz für den Getreideanbau. Die darüber gelegenen Weideflächen waren ab Mai nutzbar und auf die Hochlagen darüber wurde das Vieh dann im Juni getrieben. Dort oben lagen auch die »Bergmähder«, die Bergwiesen, die zur Heuernte genutzt wurden. Das Heu wurde meist in »Stadln« an Ort und Stelle untergebracht und musste dann im Winter per Schlitten in halsbrecherischen Aktionen talwärts zum Hof gefahren werden Diese knapp gefasste Beschreibung in der Vergangenheitsform soll nicht suggerieren, dass es all das nicht mehr gibt, aber es existiert *gerade noch*, hier und da – als kulturelles Relikt.

Typisch für die Landnutzung in vielen Gebirgen der Welt sind Terrassen. Als die spanischen Eroberer ins Hochland der Anden vorrückten, fielen ihnen als Erstes die regelmäßigen Terrassen an den Berghängen auf; nach diesen Hangstufen benannten sie die Gegend denn auch: Terrassen = *andenes*.

Terrassen sind auch in den Bergen der Alten Welt verbreitet. Sie ermöglichen Bewässerung und verlangsamen Erosion. Einerlei, ob die Terrassen nun in Form von leichten Wellen (wie in Südtirol, wo Steinwälle mit Hecken bepflanzt werden und das Gelände darüber sacht ansteigt) oder als feinst ausgearbeitete Riesenstufen entlang der Höhenlinien angelegt sind: Sie erfordern Gemeinschaftsarbeit; Steine müssen an die richtige Stelle geschleppt und kunstgerecht verlegt werden; oft wird auch noch die Erde hinaufgetragen, um die Hohlräume auszufüllen. Und auch die Pflege von Terrassen erfordert langfristige, arbeitsteilige Zusammenarbeit.

Dorfgemeinschaften in aller Welt, die sich auf Terrassenbau und – wirtschaft verstehen, haben – notwendigerweise – ausgefeilte Techniken und spezielles Wissen entwickelt. Und sie pfleg(t)en eine hoch entwickelte Sozialstruktur; für Einödsiedler ist Terrassenbau und -pflege fast nicht möglich. Wer zum Beispiel im Berg-Jemen den ihm zugeteilten Anteil an Bewässerungsgräben – das Regenwasser läuft in kunstvoll angelegten Kanälen aus der Gipfelregion über die Terrassen zu Tal – nicht intakt hält, muss eine Strafe bezahlen, damit ein anderer für die notwendige Arbeit entschädigt wird. Wenn der Säumige die Strafe nicht berappt, wird ihm Wasser vorenthalten. Zu den berühmtesten Terrassenanbauern gehören neben den Jemeniten die Hunza im Himalaja, die Balinesen, die Bauern in Japan und in den Bergen von Szechuan/China.

Auch in den Hochlagen Nepals werden Felder und Häuser in Terassen gebaut.

Was Landwirtschaft ist, definiert der Berg

Wer in den Alpen versucht, Landwirtschaftsgeschichte aus der Landschaft zu lesen, bemerkt unweigerlich die Kleinheit der Felder. Teils erklärt sich die Zerstückelung (in den Westalpen) durch Erbteilung; teils aber entstehen die Winzigst-Felder, weil die Familien Flächen auf mehreren Höhenstufen-Zonen brauchen, um ihre Selbstversorgung aufrechterhalten zu können, eine Art Fleckerlteppich aus Ackerflächen, Weiden, Wald, Obstgärten und Hochalmen.

Verbreiteter als die Erbteilung – jedes Kind bekommt nach Möglichkeit ein Stückchen Land – war auch in den Alpen die Übergabe des gesamten Anwesens an den ältesten Sohn oder (seltener!) die älteste Tochter. Die Jüngsten, die nicht genügend oder gar kein Land erbten, um sich und ihre Familien zu ernähren, mussten wegziehen. Die Alpen waren jahrhundertelang »Menschen-Exportgebiete«.

In den verschiedenen Bergtälern haben sich im Lauf der Jahrhunderte und Jahrtausende verschiedene Kulturen, Sprachen, Gepflogenheiten entwickelt – Folgewirkung der schlechten Wegeverhältnisse. Die Berggrate trennten die Bewohner der verschiedenen Täler voneinander und förderten separate Entwicklungen – und das in jeder Hinsicht. Die konservative Haltung, das Misstrauen gegenüber Neulingen waren und sind sprichwörtlich. Allein in der Schweiz, dem Bergland par excellence, werden 35 verschiedene Dialekte von Französisch, Deutsch, Italienisch und Ladinisch gesprochen. Heute, da der Austausch virtuell – also per E-Mail und TV – und real, durch moderne Transportmittel, weit leichter vonstatten geht als zu Zeiten der Maultier-Saumpfade, stehen auch die Dialekte auf der Roten Liste der vom Austerben bedrohten Arten.

Und die genetische Vermischung geht mit der kulturellen einher. Das mag bedauern, wer will; eindeutig positiv an der entgrenzten Bergwelt ist: Das Inzucht-Phänomen (die zahlreichen »Dorfdeppen« waren ja keine böswillige Erfindung der Stadtmenschen!) ist schon lange nicht mehr die stille Last abgeriegelter Dörfer im Hochgebirge.

Bauen mit dem Berg

Wie man im Gebirge baute und baut, ist Stoff für ein ganzes Spezialbuch oder eher noch für eine Buchreihe. Wir werfen an dieser Stelle nur einen knappen Blick auf einige Techniken, mit denen sich die Alpensiedler gegen Extremverhältnisse am Berg zu schützen versuchten.

Höfe, Stadel und Ställe wurden – und werden wohl immer noch – am Hang direkt unterhalb von Felsvorsprüngen gebaut. Der Fels »spaltet« die Lawine und sorgt dafür, dass die Schneemassen im Falle eines Falles rechts und links vorbeirauschen. Wo solche hilfreichen Felsvorsprünge fehlen, werden so genannte Wurfmauern errichtet, die denselben Effekt haben: Wellenbrecher gegen die große Schneeflut. Beliebt ist es auch, Gebäude in den Hang hineingeschmiegt zu bauen und sie mit einem Pultdach zu versehen, das parallel zur Hangneigung verläuft, so dass die Lawine darüber hinweggleitet. Generell ist die Dachneigung in Alpen-Bergdörfern ziemlich flach, was nur den verblüfft, der den Grund nicht kennt: Der Schnee soll möglichst lange liegen bleiben und das Haus

Im Umgang mit Lawinen hatten die Einheimischen bisweilen einen sehr pragmatischen Stil, wie Pero Tafur in »Passage über den St. Gotthard« 1438 beschreibt:
Wenn die Leute an engen Stellen große Schneemassen antreffen, welche den Anschein haben, als könnten sie sich ablösen, schießen sie vorher einige Feuerrohre los; denn durch das Getöse wird der Schnee zum Stürzen gebracht, falls er zu stürzen bereit ist. Es ist nämlich schon vorgekommen, daß in dem Augenblick, als Leute vorbeigingen, der Schnee sich loslöste und sie zu Tode brachte.«

zusätzlich isolieren. Die Dächer sind natürlich entsprechend robust gebaut, um die Last tragen zu können.

Apropos Last: Gottlieb Sigmund Gruner (1717–1778), sein Lebtag von alpinen Dingen fasziniert und als wortgewandter Anwalt der Gletscher bekannt, versuchte auch eine Art Ehrenrettung der Lawine. Er vertrat die Meinung, dass die Berge längst von ihrer Schneelast erdrückt worden wären, wenn nicht Lawinen hin und wieder den Schneeüberschuss aus den Bergen abräumen würden. Als Schreiber von Landshut, weit weg vom weißen Tod, konnte er sich eine solche Meinung wohl gerade noch leisten.

Die flache Dachneigung in vielen Alpenregionen hatte mit Energiesparen zu tun: Ein dickes Schneepolster war in der kalten Jahreszeit die beste verfügbare Wärmeisolation.

Tiere und Fabeltiere im Hochgebirge

Gams- und Steinwild musste mit überirdischen Kräften ausgestattet sein: Wie anders ließen sich ihre Kraft und Gewandheit am Berg erklären? Was lag da näher, als sich etwas von dieser Kraft einzuverleiben, sei es als Braten oder in den Fläschchen und Tiegeln der Steinbock- und Gams-Apotheken. Neben realen Tieren bevölkerten aber auch Fabelwesen die Berge: Tatzelwürmer, Drachen oder possierliche Wolperdinger.

Geschöpfe der Höhe

Das Hochgebirge galt lange als Todeszone. Noch die forscherisch ambitionierten Engländer Pococke und Windham, die als erste Fremde 1741 im Tal von Chamonix aktenkundig wurden, nahmen an, dass im Hochland nicht mal Steinböcke leben könnten. Über die damals häufigen Bären und Wölfe sagten sie, zwar seien verschiedene Exemplare gesehen und getötet worden, aber dabei müsse es sich um entlaufene Tiere aus den angrenzenden Wildnissen hinter dem Leberberg gehandelt haben, einer Landschaft, die Burgund von der Schweiz trennt. Die Begründung für ihre Spekulation: Die wilden Gebirge seien zu kalt, als dass darin große Tiere satt werden könnten.

Ein verständlicher Trugschluss: Der Mensch wendet unwillkürlich seine vertrauten Maßstäbe an und rund hundert Jahre vor Charles Darwin gab es noch keine Vorstellung davon, wie perfekt die Evolution ihre Kreaturen auch in Extremlebensräume einpassen kann.

Ein Musterbeispiel dafür ist die Gämse, ein Hochgebirgs-Erfolgsmodell, ein Bewegungsgenie. Die Tiere überqueren lockeres Gestein, glatte Felsen, sausen in halsbrecherischem Tempo schrundige Steilhänge hinunter, setzen zwei Meter hohe Absätze hinauf und passieren sogar gefrorene Wasserfälle. Ein Pferd schafft auf der Galopprennbahn um die 65 Stundenkilometer, eine Gämse bewältigt ruppigstes Terrain, in dem ein Pferd kaum im Schritt vorwärts käme, mit 50 Stundenkilometern. Schon der Schweizer Forscher Friedrich von Tschudi war 1861 fasziniert von waghalsigen Darbietungen: »Ihre Muskeln sind stramm und elastisch wie Stahlfedern, und windschnell fliegt sie in herrlichen Sätzen über Kluft und Eis.«

Die anatomische Spezialausstattung erklärt das Berg-Bewegungswunder nur zum Teil, es kommt einiges an Gelände-Erfahrung dazu. Bei Wasserfällen zum Beispiel haben Gämsen offenbar das richtige Erfahrungswissen; sie taxieren, wie weit sie bei der Überquerung abrutschen und um wie viel weiter oben sie ansetzen müssen, um den gewünschten Punkt zu erreichen. Schneefelder überqueren sie so sicher wie Geckos Fensterscheiben. Wenn nötig, können Gämsen die Afterhufe wie Skistöcke einstemmen und die Hufhälften so stark spreizen (Haupthufe über 90°), dass jede Spitze für sich Halt findet – ein Spreiztritt, der sich nicht nur auf weichem Boden, sondern auch auf Fels bewährt. Die Gams steht dann im 16-Punkte-Grip auf dem Untergrund.

Auf glatten Felsoberflächen wirken die weichen Ballen am hinteren Hufteil wie eine Gummisohle und bescheren der Gämse festen Stand. Bei schrundigem Fels funktionieren die harten Hufkanten vorne und an den Seiten wie Steigeisen. Und – es gibt eine Gämsen-Antwort auf alle möglichen Gesteinsanordnungen – auf lockerem Geröll hüpfen die »Bergziegen« so schnell weiter zum nächsten Punkt, dass sie gar nicht erst von den rollenden Steinen hangabwärts getragen werden können.

Doch auch Gämsen sind nicht unfehlbar: Gelegentlich finden sich Tiere in Lawinen – vermutlich von ihnen selbst ausgelöst. Solche Lawinenopfer sind die Hauptnahrung für Steinadler im Spätwinter.

Zum erstklassigen Fahrwerk kommt ein fantastischer Motor: Gämsenherzen sind Hochleistungspumpen; die Wände der Herzkammern sind deutlich dicker als bei Huftieren vergleichbarer Größe. Ein erwachsener Gamsbock kann zwar bis zu 62 Kilogramm schwer werden – also ebenso schwer wie ein leichtgewichtiger Mensch –, sein Herz wiegt aber ein Viertel mehr als das eines Menschen. Und es kann problemlos Schlagfrequenzen von 200 Schlägen pro Minute aushalten, ohne dass »die Ventile rausfliegen«. Diese Sonderausstattung erlaubt es Gämsen, noch in den sauerstoffärmeren Hochlagen (bis 2500 Meter) schnell auf den Beinen zu sein. Dabei ist *Rupicapra rupicapra* noch keineswegs das letzte Wort der Evolution zum Thema »Bergherz«: Das Herz eines Vikunja, das bis in Höhen von 5500 Meter lebt, ist sogar um die Hälfte schwerer als das eines vergleichbaren Tieflandbewohners.

Nicht so ganz wirklichkeitsgetreu, aber schon mit realistischen Zügen: Eine Gams-Darstellung aus Conrad Gesners berühmtem Buch.

Gämsen haben außerdem ungewöhnlich große Lungen und eine hohe Dichte roter Blutkörperchen – wenn ihre Ausrüstung auch nicht ganz so spektakulär ist wie die des Vikunja: Bei diesem südamerikanischen Lamaverwandten enthält 1 Kubikmillimeter Blut dreimal so viele rote Blutkörperchen wie Menschenblut; außerdem kann jedes einzelne Blutkörperchen deutlich mehr Sauerstoff speichern als das eines Menschen.

Besonders eindrucksvoll demonstrieren Gämsen ihre Geländegängigkeit, wenn brunftige Böcke einander jagen. In ihrem Winterfell fegen sie dahin wie entfesselte Teufel, haarscharf am Absturz vorbei die Hänge hinunter. Es konnte nicht ausbleiben, dass sich bei menschlichen Beobachtern zuerst der Neid und dann die Begehrlichkeit regte. Sollten sich nicht erwünschte Gämsen-Eigenschaften, Schwindelfreiheit zum Beispiel, vom Tier auf den Menschen übertragen lassen? Aber klar doch! »Es sollen etliche Jäger Gemsenblut wie es frisch auß den Wunden fleust, trincken zu einer besondern Artzney für den Schwindel«, heißt es in Gesners berühmtem Thier Buch von 1669, und weiter: »Die Gall von der wilden Geyß wird gelobt für viel Gebrechen und Mängel als für finstere und blöde Augen, vornemblich so es einem als eine Spinnweb vor den Augen schwebt.« Und kein Ende der Wundererwartung: »So ist

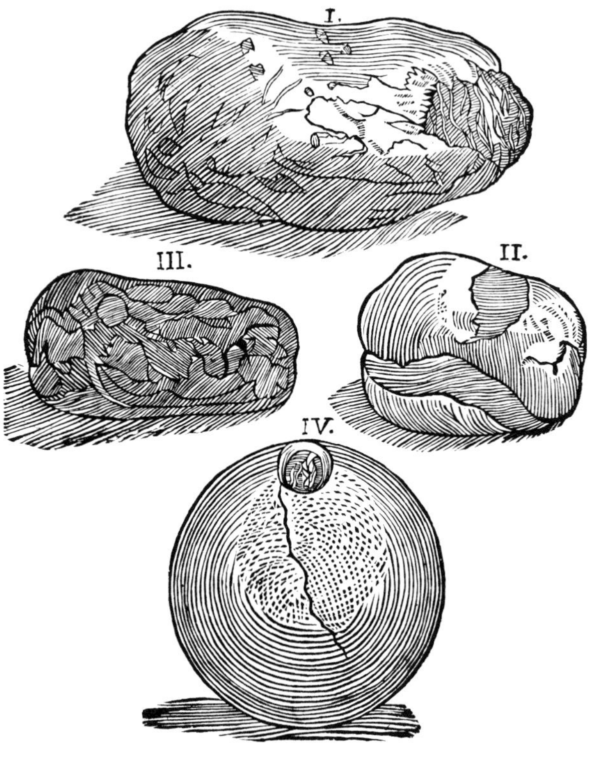

Dem Phänomen mit dem Zeichenstift auf der Spur: Bezoarkugeln aus Gesners Tierbuch von 1669.

auch solche Gall ein Thyriac für giftige Bisse: und sonderlich denen so deß Nachts bey Liecht nicht sehen können.« Gämsenleber sollte ferner gegen »den Bauchfluß« helfen, was auch immer man darunter verstand. Und – starke Medizin forderte bisweilen starke Nerven – Gämsenkötel in Milch zerstampft, versprachen Hilfe gegen Gallensteine.

Auch die berühmten Bezoarkugeln gewann man aus Gamsmägen: Unverdauliche Nahrungsreste sammeln sich im Magen der Gams an und werden im Laufe der Zeit zu haselnuss- bis walnussgroßen glatten, glänzenden Kugeln. Sie sind grünlich bis schwärzlich und bestehen aus abgeleckten Haaren, Pflanzenfasern und Harz von Nadelholzrinde. Wie die Bezoarkugeln von Steinböcken, so galten auch die von Gämsen als zauberkräftig. Jäger und Hirten benutzten sie als Talisman, weil sie angeblich unverwundbar und scharfsichtig machten und Glück bei der Jagd brachten. Außerdem halfen sie gegen Altersbeschwerden, wenn man etwas von der harten Masse abschabte und aß. Wenn man die Zuneigung eines Menschen gewinnen wollte, musste man ihm nur etwas Bezoarpulver unterjubeln; wenn man sich gegen Vergiftung oder ansteckende Krankheiten schützen wollte, war dasselbe Mittel angeraten. Bezoarkugeln waren demnach eine Kombination aus altertümlicher Impfung, Liebeselixier, Zielwasser, Gegengift und Brillenersatz.

Aber auch was nicht unmittelbar wundertätig war, gab genug Anlass für wundersame Spekulationen. Dass die krückstockförmigen Hörner nicht nur bei Kampf und Verteidigung nützlich waren, sondern noch eine Menge anderer Aufgaben erfüllten, galt lange als ausgemachte Sache: Wenn sie in die Enge getrieben werden, »allda enthalten sie sich mit ihren Hörnern und hencke sich daran« (Gesner). Wundersame Vorstellung: Eine Gämse, die sich mit Hilfe ihrer Krucken an die Felsen hängt wie an einem Kleiderbügel! Aber Gämsen traute man fast alles zu, sogar heroische Entschlüsse. So findet sich in alten Berichten die Versicherung, dass Gämsen sich kurz entschlossen in den Tod stürzten, wenn sie derart hoffnungslos in die Enge getrieben waren, dass ihnen selbst die Horn-Hangeltechnik nicht hätte weiterhelfen können.

Aber so leicht haben es die Bergspezialisten den Jägern nur selten gemacht. Wenn eine Gämse etwas Verdächtiges wahrgenommen hat, stößt sie einen gellenden Pfiff aus – und alarmiert damit nicht nur ihre Rudelkollegen, sondern auch die Murmeltiere in der Nähe, denn die senden gewissermaßen auf derselben Frequenz. Und deshalb funktioniert die Warnung auch umgekehrt: Pfeifende Murmeltiere machen Gämsen sofort Beine. Die Position des Wächters ist also »artübergreifend« besetzt: Irgendeiner wird den Feind schon rechtzeitig sehen, hören und dann verpfeifen.

Wandelnde Apotheken

Steinböcke galten noch im 17. Jahrhundert als Apotheken auf vier Beinen. Gegen Blasensteine gab es kein besseres Mittel als Steinbockblut. Die Logik dahinter ist umwerfend: Ein Tier, das den ganzen Tag lang im Gestein herumhüpft, muss ja wohl ein Fachmann in Steinfragen jeder Art sein! Und wer es über sich brachte, Steinbockblut noch körperwarm zu trinken, auf den sollten sogar die wunderbaren Eigenschaften des Steinbocks übergehen: Er fühlte sich sofort energiegeladen, tatendurstig und furchtlos.

Fast jeder Körperteil des Steinbocks war für oder gegen irgendetwas gut. Steinbockhorn wurde zu Pulver zermahlen und allen möglichen Mixturen beigegeben, da es angeblich krampflösend wirkte, »gut wider Mutterbeschwerungen« war und Vergiftungen heilte. Steinbock-Kot sollte gegen Ischias, Gelenkentzündungen, Schwindsucht und Zipperlein helfen.

Als ganz besonders wundertätig galten das »Herzkreuzchen« – die verknöcherten Sehnen des Herzmuskels – und die Bezoarkugel des Steinbocks (siehe Gämse). Conrad Gesner schwärmte vor über 300 Jahren »von der crafft- und tugendvollen« Bezoarkugel des Steinbocks:

Tausendfach reproduziert. Der Gesnersche Steinbock als Urbild sprunggewaltiger Kraft.

»Die Kugel an den Hals gehenckt: ist ein groß Hilfsmittel wider Schwindel und Schwachheit des Haupts, auch wider Kopf Schmertzen, Ohnmächten, Herzklopfen und Aengsten [...] ihr Genuß macht Stich-, Schuß und Wundenfrey.«
Legendär waren nicht nur die Wirkungen der verschiedenen Körperteile eines Steinbocks, sondern auch die Preise, die dafür geboten wurden. Wer einen Steinbock erlegen und an eine der speziellen Steinbockapotheken verschachern konnte, war ein gemachter Mann. Das konnte nur eines bedeuten: Der Verfolgung durch legitimierte Jäger *und* Wilderer war das Steinwild auf Dauer nicht gewachsen. Obwohl Wilderei streng bestraft wurde, waren Steinböcke schon im Mittelalter vielerorts ausgerottet. Vor 260 Jahren verschwand der letzte Steinbock aus Österreich, vor etwa 200 Jahren wurde der letzte Steinbock der Schweiz erlegt. Und vor 150 Jahren gab es einzig in Italien südlich des Aostatales noch 50 bis 100 Tiere.
Hätte Vittorio Emanuele II. (1820–1878), seit März 1861 König von Italien, wie andere Oberhäupter vor ihm einfach nur drakonische Strafen auf Wilderei angedroht, wären auch diese letzten Steinböcke den Weg allen Fleisches gegangen. Aber der Monarch hatte erkannt, woran die vorausgegangenen Schutzbemühungen gescheitert waren: Der Steinbockschutz war eine Sache der Herrschenden und Mächtigen gewesen – und hatte damit nur den Trotz der Bevölkerung geweckt. Seine Majestät Vittorio Emanuele II. ging anders vor: Er machte den Bock zum Hochgebirgs-Gärtner und stellte Wilderer als Wildhüter ein. Mit imposanten Dienstuniformen und guter Bezahlung verhalf er den ehemaligen Wilderern in der Bevölkerung zu dem Ansehen, das sie sich zuvor durch Wilderei verschafft hatten. Der König seinerseits konnte sicher sein, dass er die erfahrensten, kundigsten Leute für diese heikle Aufgabe angeworben hatte. Vittorio Emanueles II. Elite-Truppe arbeitete so gut, dass die Steinböcke sich in dem eigens geschaffenen Schutzgebiet am Gran Paradiso schon 50 Jahre später auf 2000 Tiere vermehrt hatten.
Bald warfen andere Alpenländer begehrliche Blicke auf die wachsende Steinbockherde. Be-

Der Steinbock

Jäger hatten den Alpen-Steinbock lange zum Schießen gern, mit den bekannten Folgen seiner Fast-Ausrottung. Aber in der Zuneigung schwang auch von jeher viel Bewunderung mit. »Was für geschwinde und weite Sprünge dieses Thier von einem Felsen zu dem anderen thu, ist unmüglich zu glauben,« begeisterte sich Gesner. Und in der »Tierwelt der deutschen Landschaft« von Walter Rammer (Leipzig, 1933) finden wir den fast hymnischen Lobgesang eines Anfang des 20. Jahrhunderts hochberühmten österreichischen Expeditionsreisenden, Hans Johann Nepumuk Graf von Wilczek: »Der starke Steinbock ist das schönste Jagdtier, welches ich je gesehen. Er hat die wundervolle Hauptbewegung des Hirsches; das fast unverhältnismäßig große Gehörn beschreibt bei der kleinsten Kopfbewegung einen weiten Bogen. Seine Sprungkraft ist fabelhaft. Ich sah eine Gemse und einen Steinbock denselben Wechsel annehmen. Die Gemse mußte im Zickzack springen, wie ein Vogel, welcher hin und her flattert: der Steinbock kam in gerader Linie herab wie ein Stein, welcher fällt, alle Hindernisse spielend überwindend. An fast senkrechten Felswänden muß die Gemse flüchtig durchspringen; der Steinbock dagegen hat so gelenkige Hufe, daß er langsam weiterziehend, viele Klaftern weit an solchen Stellen hinschreiten kann. Ich sah ihn beim Hasten an Felswänden seine Schalen so weit spreizen, daß der Fuß eine um das Dreifache verbreiterte Fläche bildete.«

Von gefangenen Steinböcken berichtet man vergleichbare Wunderdinge – gewissermaßen aus der Nahaufnahme. Ein junger Steinbock, der in Bern im Gatter gehalten wurde, sprang einem Mann auf dem Kopf und balancierte dort ohne erkennbare Mühe, ein anderer erkor die Spitze eines Pfahles als seinen bevorzugten Standort, ein weiterer thronte sogar auf der Kante eines geöffneten Türflügels.

Es waren diese Fähigkeiten, die in vergangenen Jahrhunderten den Ruf großer Wunderkraft begründeten, einer Kraft, die zum einen den Ehrgeiz der Jäger anstachelte – ein echter Waidmann will würdige, schwierige Beute –, zum anderen aber das Verlangen, sich etwas davon einzuverleiben: sei es als Braten oder als Apotheken-Präparat. So gesehen wurden dem Steinbock seine Kraft, Geschicklichkeit, Ausdauer – kurzum seine perfekte Anpassung ans Hochgebirge – fast zum Verhängnis.

Italiens Vittorio Emanuele (1820-1978) gilt Naturschützern als der Mann, der die Rettung der Steinböcke vor dem Aussterben befahl.

sonders der Schweizer Kanton Graubünden, der den Steinbock im Wappen führt, hätte zu gern wieder wild lebende Steinböcke in seinen Bergen gehabt, aber die Italiener rückten keine raus. Doch wo ein Wille ist, ist auch ein Weg, und sei es ein illegaler. Jedenfalls schmuggelten die Schweizer vor etwa 100 Jahren kurzerhand in einer Nacht- und Nebelaktion drei Steinkitze aus dem Aostatal ins Eidgenössische.

Die Schweizer Kolonie gedieh prächtig, andere Ansiedlungen folgten. Heute haben wieder fast 30 000 Steinböcke in den Alpen Tritt gefasst.

Apropos Tritt: In puncto Trittsicherheit sind Steinböcke den Gämsen mindestens ebenbürtig, wenn nicht sogar überlegen: Selbst senkrechte Felskamine springen sie hinauf oder hinunter; solche Extrempassagen bewältigen sie im Zickzackkurs und nutzen dabei winzige Vorsprünge, die zu schmal sind, um darauf zu stehen, aber markant genug, um sich davon abzufedern. Schon Gesner war tief beeindruckt von der Trittsicherheit des Steinwilds: »Was für geschwinde und weite Sprünge dieses Thier von einem Felsen zu dem anderen thut, ist unmüglich zu glauben, wer es nicht gesehen: Dann wo es nur mit seinen gespaltenen und spitzigen Klauen hafften mag, so ist ihm keine Spitze zu hoch, die es nicht mit etlichen Schritten überspringe, auch selten ein Felß so weit von dem andern, den es nicht mit seinem Sprung erreiche«.

Gesner glaubte, das Geheimnis, das hinter der Bergsicherheit der Böcke steckt, ein Stück weit gelüftet zu haben: Es waren seiner Meinung nach nicht nur die Patenthufe, es musste auch mit den Hörnern zu tun haben, die Gesner für eine Art Stoßdämpfer oder körpereigenen Überrollbügel hielt: »Und so ihm der Sprung fählet, oder es sonst stürzet, so fällt und steuret es sich auf seine Hörner [...]. Es soll auch die

grossen Steine, so gegen ihm oben abfallen, mit den Hörnern auffangen, und also abwenden.«
Sogar über den ritterlichen Heldentod des Steinbocks wusste der Stammvater aller Alpenzoologie zu berichten; allerdings spürt man, dass er in diesem Punkt seinen Quellen misstraute: »Etliche Jäger geben vor, wann der Steinbock mercke, daß er sterben müsse, so steige er auf den allerhöchsten Schroffen des Gebürgs, und stütze sich mit dem Gehörn an einen Felsen, gehe hernach also in einem Kreyse herumb, und höre nicht auf, biß das Horn abgeschlieffen, da er dann herabfalle und also sterbe.«

Die Ballade vom Pfeifer

Bei Gesner heißt das Murmelthier *mus alpinus*, Alpenmaus. Es »hat große […] Augen und in seinem Maul oben und unden zween lange Zähne, welche sich schier den Biberzänen vergleichen und gelblicht sind; Hat kurtze dicke und harichte Beine und Tappen als ein Bär mit schwartzen langen Klauen, mit derer Hülff diß Thier tieff in das Erdreich hinein gräbt […].«
Alles richtig. Der Züricher Universalgelehrte hat offenbar nach Augenschein geschrieben. Was damals natürlich noch nicht bekannt war: *Das* Murmeltier gibt es nicht. Weltweit wühlen sich 12 Murmeltierarten durch den Boden – über die genaue Zahl debattieren die Experten noch immer. Die Alpenmurmeltiere wanderten dorthin, wo sich nach dem Abschmelzen der Gletscher Wiesen- und Steppenlandschaften ausbreiteten. Heute kommen sie in Höhen zwischen 800 und 3200 Meter vor. Mit geruchlichen Warnschildern (Duftdrüsen an den Wangen sondern ein Markierungs-Sekret ab) teilen die Kolonie-Mitglieder jedem fremden Artgenossen mit, dass er im Begriff ist, Privatgrund zu betreten und mit massivem Ärger zu rechnen hat. Auch innerhalb der Familie besteht man auf den Vorrechten der herrschenden Klasse: Murmeltiere vermehren sich ausschließlich in der »Upper class«. Erwachsene Kinder, die im Familienverband bleiben, sind gezwungen zölibatär zu leben.
Murmeltiere graben sich ausgedehnte Erdbaue, die in Generationen entstehen und für die manchmal im Laufe der Jahre zehn Kubikmeter Erdreich bewegt werden mussten. Die Röhren führen bis zu drei Meter unter die Erdoberfläche; der Lohn der Mühe: Da unten wird es selten kälter als Null Grad. Während der Wintermonate ziehen sich Eltern und Kinder mehrerer Jahrgänge in die Schlafgemächer zurück und verschlafen in einer sich gegenseitig heizenden Schlafkommune die kalten Monate. Viele Familienmitglieder bedeuten große Heizleistung.

Murmeltiere haben sich perfekt an die Kälte im Hochgebirge angepasst: Den schlafenden Körper permanent auf hoher Temperatur zu halten, würde mehr Energie kosten als ein Murmeltier speichern kann und ohne den eingebauten Aufheiz-Mechanismus müsste es zu Frostschäden kommen. »Splendid isolation« wäre für Alpenmurmeltiere ein tödliches Motto!

Gesners Murmeltier mit einem Satz grabtüchtiger Krallen – allerdings irrtümlich mit Biberschwanz dargestellt.

Die Heizung selbst hat ein trickreiches Reglersystem: Alle 10 bis 13 Tage weckt der innere Thermostat die Schläfer auf, dann heizen sie ihre Körper kurzfristig hoch. Anschließend sinken die Murmeltiere wieder in Winterschlaf. Abgekühlt auf 4,6 bis 7,6 °C reichen ihnen drei bis fünf Herzschläge pro Minute – ein verblüffendes Sparprogramm. Schließlich sind 88 bis 140 Herzschläge pro Minute normale Murmeltier-Herzfrequenz im Wachzustand. Und noch ein Problem lösen sie, indem sie eine Lebensnotwendigkeit zum Minimumfaktor machen: die Atmung. Obwohl sie die Eingänge zu ihren Bauten vor Wintereinbruch mit Erde und Geröll verschließen, wird ihnen unten die Luft nicht knapp; die Tiere atmen im Winterschlaf nur noch ein bis drei Mal pro Minute und verbrauchen nur ein 20stel der Sauerstoffmenge, die sie im Wachzustand benötigen.

Gesners Anmerkungen zum Phänomen Murmeltier-Winterschlaf und Vorratshaltung lesen sich heute höchst amüsant: »Also liegen sie sicher vor dem Wind, Regen und Kälte bewahrt und schlaffen den gantzen Winter biß auff den Lentz ohne Speiß und Tranck zusammen gekrümmet wie ein Igel. […] Eine wunderbare Kunst und List brauchen sie zu der Zeit, wann sie das Heu einführen. Dann wann sie nun viel Heu zusammen geschleppet haben, so bedörffen sie eines Karrens; alsdann legt sich eines nider auff den Rucken, streckt alle viere gen Himmel und machet also vier Stützen, als wie ein Heuwagen hat, solches laden und häuffen die andern voll, hernach wann das Heu geladen, so fassen sie das liegende Murmelthier bey seinem Schwantz mit ihrem Maul, ziehen also den Karren zu Hauß und laden das Heu in ihre Nester oder Hölen ab. Solches Karrenampt lassen sie wechselsweise umbgehen, auß welcher Ursach sie zu derselbigen Zeit auff dem Rücken keine Haare haben sollen.«

Das Tier muss schon damals fasziniert haben. Vom Mittelalter bis ins 19. Jahrhundert wurden Murmeltiere dressiert und auf Dorffesten vorgeführt. Aus Murmeltierhaut machte man Peitschen und Schnürsenkel, und das Fleisch sei, so schreibt Nicolaus Sererhard 1872, »nicht nur delicat, sondern auch gesund, [...] sonderlich dem Frauenzimmer eine rechte Medizin seyn soll in ihren monatlichen Anliegen«.

Murmeltiere waren auch sonst in der Volksmedizin ein begehrter Rohstoff: Ihre Mägen sollten aufgelegt gegen Bauchgrimmen helfen. Und das Fett war ein allseits geschätztes Mittel gegen Krampfadern und Rheuma: Wer sechs Monate des Jahres bei Kellertemperaturen verpennt, ohne Gliederreißen zu bekommen, der muss ja wohl über körpereigene Gegenmittel verfügen! Ein Schaffhauser Apotheker kam als Erster auf die Idee, das Fett der Schläfer als Rheumasalbe zu verhökern und fand sogleich jede Menge Nachahmer. Die Jagd auf die Tiere geriet de facto zur Ausrottungsaktion. Noch 1944 wurden allein in der Schweiz 16 000 Tiere geschossen. Aus manchen Alpentälern verschwanden sie völlig.

Zum Glück für die Gruppensiedler brach der Glaube an ihre Heilkräftigkeit schneller zusammen als ihre Population. Dennoch, für das so genannte »Mankeischmalz«, bei Brust- und Lungenleiden eingesetzt, gibt es bis heute einen kleinen Spezialmarkt. Kurz vor Beginn des Winterschlafs ist die Schmalzernte am ergiebigsten: Rund 40 % ihres Lebendgewichtes ist Fett – vierbeinige Schmalzknödel, die sich da zur Winterruhe rollen.

Womöglich noch verblüffender als bei den Murmeltieren stellt sich die Winter-Überlebensstrategie bei den Schneemäusen dar. Wie schafft es ein so kleines Tier, das den Winter nicht verschläft, in bis zu 4700 Meter Höhe zu überleben?

Schneemäuse sind absolute Energiespar-Experten. Sie sind wenig scheu, sparen sich also entbehrliche Fluchten, und sie tanken Energie, indem sie sich möglichst oft sonnen. Den Winter überbrücken sie unterm Schnee, wo die Temperatur kaum jemals unter Null Grad absinkt. Was für sie unerlässlich ist, sind Blockhalden mit vielen Spalten und Nischen. Diese Naturhöhlen und -röhren ersparen ihnen eine Menge kräftezehrende Grabarbeit. Offenbar ist dieser Vorteil so gewichtig, dass sich der Stress des Lebens im Hochgebirge für sie auszahlt.

Hoch, höher, am höchsten

Vögel haben einen angeborenen Grundvorteil im Gebirge: Die eingeschränkte Sauerstoffversorgung in der Höhe macht ihnen nicht

zu schaffen. Denn alle Vögel haben eine raffinierte Kombination aus Lungen und Luftsäcken, die im ganzen Körper verteilt sind. Dieses Patent ermöglicht es ihnen, den Sauerstoffgehalt der Luft viel besser auszunutzen als jedes Säugetier. Außerdem sind Vogelherzen Hochleistungsorgane; ein Spatzenherz beispielsweise kann bis zu 500-mal pro Minute schlagen. Dank ihrer besonderen Herz/Lungen-Qualität bewegen sich Saatkrähen in Flughöhen bis zu 3600, Ringelgänse bis 4000 und Kraniche auf 5000 Metern; unidentifizierte Kleinvögel zeigte der Radarschirm in Höhen von 4000 bis 6000 Metern (Angaben nach Kai Curry-Lindahl).
Eine andere Leistung ist womöglich noch höher zu bewerten: Wie schaffen es die Bergvögel innerhalb des kurzen Sommers Balz, Partnersuche, Nestbau und Jungenaufzucht abzuwickeln und auch noch die Mauser durchzustehen? Manche Vogelarten sparen Zeit, indem sie sich schon im Winterquartier nach einem Partner umsehen und dann fertig »verbandelt« auf den Bergwiesen einschweben. Andere Vogelarten kommen besonders früh im Jahr an, wenn ihr Brutplatz noch unterm Schnee begraben liegt, regeln in der aufgezwungenen Wartezeit die Grenzstreitigkeiten mit den Nachbarn und auch die Partnersuche und können dann sofort loslegen, sobald der Schnee geschmolzen ist. Schneeammern zum Beispiel sind schon einen Monat vor der Reviergründung fest verpaart.

Die Küken von Hochgebirgsvögeln müssen natürlich besonders beheizt werden. Schneeammern treiben einen großen Aufwand beim Nestbau – weit mehr als verwandte Arten im Tiefland – und polstern das Nest im letzten Arbeitsgang noch mit einer Lage Schneehuhnfedern aus. Schneefinken bauen ihre auffallend dickwandigen Nester an geschützten Flecken in Felsspalten und Nischen, die sie rabiat gegen Konkurrenten verteidigen. Außerdem tragen ihre Jungen ein besonders dichtes Daunenkleid. Eine Menge Zeit wird dadurch gespart, dass Vögel (und Kleinsäuger) es mit einem Vermehrungsversuch pro Jahr gut sein lassen, während ihre Verwandten im Tiefland zwei- oder dreimal Nachwuchs aufziehen. Dafür haben die Hochgebirgler meist größere Gelege (und Würfe).

Die Mauser schließlich verschieben etliche Hochgebirgsarten einfach auf einen späteren Zeitpunkt: Langstreckenflieger verlassen ihr Brutgebiet meist schon früh und mausern erst im Winterquartier.

Einige Vögel aber halten eisern durch. Schneehühner machen sich ebenso wie die Schneemäuse und Alpenspitzmäuse die Isolierwirkung von Schnee zunutze. Sie biwakieren in selbst gebauten Iglus. Wenn außen ein –30 °C kalter Sturm tobt, sitzen sie unterm Schnee in einem windstillen Schonraum bei vergleichbar kuscheligen –10 °C.

Reptilien und Amphibien

Für Schlangen und Eidechsen ist das Hochgebirge ein besonders schwieriger Lebensraum: Ihre Eier würden nachts und an bewölkten Tagen viel zu stark auskühlen, als dass sich Jungtiere entwickeln könnten. Die Lösung des Problems: Bergeidechsen und Kreuzottern brüten die Eier im eigenen Körper aus. Zwar sind sie wie alle Reptilien wechselwarm – das heißt, die Körpertemperatur richtet sich weitgehend nach der Umgebungstemperatur –, aber mit einem Trick schaffen sie es dennoch, genügend Wärme für den Nachwuchs zu produzieren: Die Bergeidechse und die Gebirgsrasse der Kreuzotter, die so genannte Höllenotter, sind auffallend dunkel gefärbt. Wenn sie sich in die Sonne legen – passenderweise auf dunkle Oberflächen, die viel Wärme absorbieren –, werden sie deutlich wärmer als die umgebende Luft und sind damit bewegliche Brutkästen für den Nachwuchs. Die Körpertemperatur einer sich sonnenden Eidechse liegt ca. 20 bis 30 °C über der Lufttemperatur! Allerdings zwingt sie jede Wolke vor der Sonne in die schützende Deckung, weg vom Gipfelwind.

Eine Kreuzotter kann außerdem ihren Körper abplatten wie eine Flunder, was die sonnenex-

Links: Das Schneehuhn: nicht die auffälligste aber sicherlich eine der bestangepassten Gestalten des Hochgebirges.

Die schwarze Haut des Alpensalamanders speichert Sonnenwärme. Alpensalamander überspringen das Kaulquappen-Stadium, für das es in hohen Gebirgslagen zu kalt wäre.

ponierte Fläche und damit auch den Heizeffekt noch verstärkt.

Auch unter guten Bedingungen können Reptilien hoch am Berg nur wenige Stunden pro Tag auf Nahrungssuche gehen. Nur so lange können sie sich warm genug halten, um einsatzbereit zu bleiben. Nachts müssen sie sich dann in Schlupfwinkel zurückziehen, in die nur wenig Nachtkälte kriechen kann. Notfalls, wenn der Sommer besonders kühl ausfällt, können die Weibchen von Kreuzotter oder Bergeidechse auch mit den Jungen im Bauch überwintern.

Dasselbe Prinzip hat es dem Alpensalamander ermöglicht, in bis zu 3000 Meter Höhe zu leben; höher rauf schafft es kein anderes Amphibium: Alpensalamander bringen zwei lebende Junge zur Welt, deren Entwicklung allerdings zwei bis drei Jahre dauert. Der nahe verwandte Feuersalamander schafft es immerhin bis ca. 1800 Meter Höhe. Die Weibchen lassen wenigstens einen Teil der Jungenentwicklung in ihrem Körper ablaufen und »legen« dann statt Eier fertige Larven, die allerdings noch drei weitere Monate brauchen, bis sie fertig entwickelt sind.

Frösche im Hochgebirge haben den Trick mit der internen Jungenentwicklung zwar nicht drauf, aber sie können bei Bedarf als Kaulquappen überwintern. (Grasfrösche halten übrigens Temperaturen unter dem Gefrierpunkt aus. Solange ihr Herz nicht gefriert, können sie im Frühjahr unbeschadet auferstehen.)

Vom Winde verweht

Insekten haben es in großer Höhe nicht leicht. Ihr Zentralproblem ist der Wind. Kaum schwingen die Leichtmaterialflieger sich in die Luft, sind sie auch schon verweht. Fliegen ist unter solchen Umständen eine schlechte Idee; Fußgänger sind hier meistens besser dran. Konsequenterweise haben deshalb viele Hochgebirgs-Insekten die Flügel für immer abgestreift. Im Himalaja ist die Hälfte aller Insekten über der Baumgrenze ungeflügelt. Insektensammler im Hochgebirge werden zwischen den Steinen und im Pflanzengewirr fündig, Kescherschwingen im Luftraum bringt dagegen wenig.

Der Trend zur Flügellosigkeit hat aber noch einen anderen Grund: Die meisten Insekten brauchen eine Mindesttemperatur, um funktionstüchtig zu bleiben; die liegt in der Regel bei 10 °C. Am Boden im Windschutz ist es bekanntlich am wärmsten. Als Berg-Insekt sollte man also tunlichst in Bodennähe bleiben, direkt auf der Heizplatte.

Nachts ziehen sich Insekten ebenso wie Reptilien in schützende Schlupfwinkel zurück. Klein wie sie sind, können sie sich dabei zunutze machen, dass auch Pflanzen ihre empfindlichen Knospen vor dem Nachtfrost schützen müssen (das ist besonders im tropischen Hochgebirge wichtig, wo die Unterschiede zwischen Tag- und Nachttemperatur gewaltig sind): Viele Insekten biwakieren im Inneren von Pflanzen, die ihre Blätter nachts um die Knospen krümmen und damit wertvolle Wärme über die Nacht retten.

Auch mit einem anderen Engpass müssen sich Hochgebirgsinsekten arrangieren: mit den kurzen Sommern. Hoch am Berg ist es völlig illusorisch, innerhalb der wenigen warmen Wochen die Entwicklung vom Ei zum fertigen Insekt zu schaffen; folglich müssen Insekten halb fertig überwintern. Viele Arten unterbrechen einfach im Herbst als Larven oder Puppen ihre Entwicklung und machen im nächsten Jahr da weiter, wo sie Monate zuvor aufgehört haben. Einige Schmetterlinge lassen sich sogar drei Sommer lang Zeit! Und manche Insekten sind notfalls imstande, ein paar Jahre lang in einer Art von Stand-by-Zustand auszuharren, bevor die Umweltbedingungen es ihnen wieder erlauben, am Leben teilzunehmen. Diese Flexibilität ist zum Beispiel dann lebensrettend, wenn eine Lawine Schneemassen über einen Hang gießt, die auch im Spätsommer noch nicht weggeschmolzen sind.

Ein schwieriger Lebensraum bleibt das Hochgebirge allemal für Insekten und Spinnen. In den Schweizer Alpen gibt es im Koniferen-Bergwald 96 Schmetterlingsarten, nur 27 im Krummholz darüber und nur 8 Arten in der baumlosen Tundra. 61 Grashüpferarten fanden Wissenschaftler in Colorado/USA in 1650 Meter Höhe, 17 bei 3300 Metern und nur noch zwei in 4300 Metern Höhe.

Zu den Extremisten, für die das Extreme normal und das Moderate Stress ist, zählen Winzlinge, die lange für Spottgeburten des Alpenhumors gehalten wurden ähnlich wie Wolpertinger oder Gämseneier. Es gibt sie wirklich: Gletscher- und Eisfloh gehören zu den Springschwänzen. Die absolute Wohlfühltemperatur für den Gletscherfloh liegt bei –4 bis +5 °C. Bei Temperaturen über 8 °C haben sie schon einen abnormal hohen Sauerstoffverbrauch und stehen vermutlich kurz vor dem Hitzschlag! Und die Wärme einer Menschenhand genügt, um sie umzubringen!

Der Kleine Alpenhüpfer

Fabeltiere am Berg

Neben den scheinbaren Fabeltieren wie Gletscherflöhen gab es im Gebirge immer schon solche, die heftig aufs Gemüt schlugen. Beschränken wir uns auf die prominenten Vertreter dieser unübersichtlichen Gattung.

Felsiges Terrain war von jeher die Heimat der Drachen. Ihre Gestalt variierte von fußlos bis vierbeinig, von geflügelt bis wurmförmig. Selbst der seriöse Gelehrte Johann Jakob Scheuchzer befasste sich ausgiebig und ernsthaft mit Drachen und bildete alle möglichen Spielarten der Untiere ab, wie sie ihm »Gewährsleute« beschrieben hatten.

Doch die Rettung folgte dem Unheil auf dem Fuß. Es waren bevorzugt Grafen, Prinzen oder andere Hochwohlgeborene, die das Land von den Scheusalen befreiten. Zum einen hatten wohl nur sie genügend Freizeit für derartige Mutproben; zum anderen hielten Drachen nicht selten ansehnliche Damen gefangen, und das motivierte die Hohen Herren natürlich ungemein.

Einen besonderen Fall von Drachenbezwingung ganz ohne männlichen Beistand und mit kleinstem Werkzeug erzählt eine Sage vom Drachenfels bei Bonn. Der Herrscher dieses Felsens, ein geflügeltes, geschupptes Prachtexemplar von Drache, wurde von den heidnischen Bewohnern des Umlandes regelmäßig mit Menschen-Frischfleisch bei Laune gehalten. Doch als sie ihm eines Tages ein bildschönes Mädchen zum Fraß vorwarfen, hatte das

Der Tatzelwurm, ein alpiner Schädling von der unangenehmen Sorte.

Monster seinen Meister gefunden: Das Mädchen, eine Christin, hielt dem hungrigen Drachen geistesgegenwärtig ein kleines Kreuz entgegen. Der Drache schreckte denn auch vor der Macht des Herrn zurück, verlor das Gleichgewicht und stürzte in die Schlucht, wobei er sich praktischerweise den Hals brach. Und die Zuschauer dieses Spektakels waren so tief beeindruckt, dass sie das Mädchen befreiten und sich sofort taufen ließen.

Versuchen wir beides – nacheinander. Der legendäre Tatzelwurm (Dazzelwurm, Praatzelwurm, Stollenwurm, oder Springwurm) ist ein kleiner Bergdrache oder Lindwurm, der seinen großen Verwandten an Niederträchtigkeit keineswegs nachsteht. Auch er kann giftige Wolken blasen und Feuer spucken. Auch von Schleim ist die Rede. Seine bekrallten Vorderbeine (Hinterbeine gibt es nicht) und sein Gebiss sehen bedrohlich aus. Die üblen Würmer fallen Vieh und gelegentlich auch einsame Bergwanderer an.

Irritierender als solche Darstellungen, die es im Alpenraum in Bild, Wort und sogar auf Votivtafeln gibt, sind die zahlreichen Berichte mit verhältnismäßig klaren Angaben aus dem 19. und 20. Jahrhundert – Beschreibungen, die auf eine gut metergroße wehrhafte Echse schließen lassen, welche auf Annäherung aggressiv reagiert. Manche Beschreibungen erinnern an Skinks (einer Eidechsenordnung). Andere Beschreibungen sind eindeutig das Ergebnis protokollierter Angstträume.

Aber ist es wirklich völlig ausgeschlossen, dass im Appenin und in warmen abgelegenen Alpentälern bis in jüngste Vergangenheit eine Art Panzerschleiche überlebt hat? Kein seriöser Wissenschaftler würde auf die Existenz eines solchen Tatzelwurms ein Monatsgehalt wetten, aber würde derselbe Wissenschaftler es auch für absolut sicher erklären, dass es nie und nirgendwo lebende Vorlagen für diverse alpine Wurmgeschichten gegeben hat?

Wie beim Monster von Loch Ness gelang nie eine überzeugende Fotodokumentation und ein (angeblicher?) Skelettfund aus dem Jahr 1924 ging verloren. Geblieben sind Geschichten und Lieder wie das Tatzlwurmlied von Josef Pöll; hier die erste Strophe in hochdeutscher Übersetzung:

In der Mühlauer Klamm, im grausigen Loch
Hat ein wütender Tatzlwurm gehaust,
Mit Katzenkopf und geschwollenem Bauch
So dass es selbst dem Teufel graust!
Sobald er dich sieht, schmeißt er dich um
Und schon kannst du keinen Seufzer mehr tun
Keinen Seufzer mehr tun …

Weltberühmt wurde ein anderes schwer fassliches Gebirgswesen: der Yeti.

Der Himalaja-Hominide hat sogar einen offiziellen wissenschaftlichen Namen. Carl Linné

nannte ihn *Homo Troglodytes Linnaeus*, höhlenbewohnender Mensch und lieferte eine Beschreibung: »Das menschenähnliche Wesen sei am ganzen Körper behaart, gleich gut auf zwei wie auf vier Beinen unterwegs und ohne Sprache.«
Im Jahr 1887 entdeckte ein Major der britischen Besatzungsarmee in Indien Spuren im Schnee des Himalaja, die er als überdimensionale menschliche Fußabdrücke beschrieb. Ein Oberstleutnat Howard-Bury berichtete 34 Jahre später von einer Zusammenrottung seltsamer Gestalten auf 5580 Meter Höhe; in ihrer Nähe fanden sich ebenfalls Spuren, die auf dreifache Menschengröße schließen ließen.
Der deutsche Bergsteiger Ernst Schäfer, der in den 30er Jahren mehrere Expeditionen nach Tibet leitete und auch dem Yeti-Phänomen auf der Spur war, notierte lapidar: »Ich erlegte zahlreiche Yetis und zwar in Gestalt des mächtigen Tibetbären.«
Edmund Hillary, Erstbesteiger des Mount Everest, ging 1960 dem Yeti-Mythos auf den Grund – oder besser: aufs Dach, auf das Dach der Welt. Er suchte sämtliche Bergklöster auf, in deren Nähe Yetis gesichtet worden waren und untersuchte dort Felle und Knochen, die als sterbliche Überreste des Schneemenschen dargeboten wurden: Die Felle stammten von tibetischen Kragenbären, Handknochen erwiesen sich als bearbeitete menschliche Skelett-Teile. Die Schädel waren ebenfalls gefaked.

ALFONS S., DER EXTREMSPORTLER DES JAHRES, WELCHER IN EINEM LAWINENGEFÄHRDETEN GEBIET LÄRMT, WÄHREND ER GLEICHZEITIG DEN YETI BELEIDIGT.

Und noch ein Prominenter griff nach dem Yeti. Reinhold Messner ließ sich am 24.7.1997 über *dpa* vernehmen: »Ich habe den Yeti gefunden, wir standen uns Aug' in Auge gegenüber«. Aber auch Messner schloss sich schließlich dem Urteil von Schäfer und Hillary an: Wenn es denn jemals Yetis gegeben hat, dann waren es Bären.

Pflanzen am Berg

Pflanzen im Hochgebirge müssen mit einigen Extremen fertig werden: mit tiefen Temperaturen, langen Wintern und entsprechend langer Schneebedeckung, mit hohen Windgeschwindigkeiten, die den Insektenflug (Bestäubung!) einschränken. Die Baumgrenze wird weniger durch Kälte als durch Durst gezogen: In gefrorenen Böden können Wurzeln keine Feuchtigkeit aufnehmen.

Was nicht tötet, macht fit

Irgendwann wurde eine Fraktion der Botaniker zu Bergsteigern und etliche Bergsteiger zu Botanikern. Nur so konnte die Freilandbotanik in die Hochlagen vorrücken. So hatte der Züricher Professor Oswald Heer (1809–1883) hatte nicht nur die nötige Puste, sondern auch den langen Atem zur alpinen Freilandbotanik; er entdeckte, dass selbst in der Schneeregion über 2600 Meter noch 337 Blütenpflanzen vorkommen, davon sechs auf über 2900 Meter – eine Sensation. Und Anton Kerner, Ritter von Marilaun aus Mautern in Niederösterreich (1831–1898), verhalf seine Begeisterung für Alpenblumen sogar zu einem Professorenstuhl an der Wiener Universität. Kerner wurde *der* Kerner: die absolute Alpenflora-Autorität des 19. Jahrhunderts. Über eine Wanderung im Jahre 1846 – ein selbst dokumentierter Fall von Prägung im frühen Jünglingsalter – schrieb Kerner rückblickend: »Endlich war ich doch am oberen Waldessaume angelangt und vor mir lag im hellen Sonnenschein eine üppige grasige Halde. Alle Müdigkeit war jetzt vergessen, jeder Schritt brachte einen neuen Fund, von jeder Felswand blickten neue, nie gesehene Pflanzenformen entgegen.«

Kerners Buch »Die Cultur der Alpenpflanzen« gilt noch heute als eines der kundigsten Werke zum Thema.

Eine damals unvorhersehbare Wirkung dieser und anderer Arbeiten: Sie erwiesen sich, nicht zuletzt wegen brillanter Illustrationen, als Werbekatalog für Alpengärtner. 1880 wurde in Bourg St. Pierre am Fuße des Großen St. Bernhard der erste offizielle Alpenhort angelegt. Alpenvereine gründeten Versuchsanlagen in Matrei und am Wendelstein.

Das Alpenveilchen, durch Zucht vergrößert, aber nicht in jedem Fall verschönert, trat aus diesen frühen Berggärten heraus seinen Siegeszug durch Gärtnereien und Vorgärten der ganzen Welt an. Und das Edelweiß konnte zur Weltberühmtheit werden, weil es nun jedermann und jedefrau in Augenschein nehmen konnte, ohne mühsam aufsteigen zu müssen. Eine der ältesten Darstellungen dieser Alpen-Charakterpflanze findet sich schon in der »Belluneser Handschrift« von ca. 1540; im Volksmund hieß sie »Bauchwehblume«. In Tirol und in der Steiermark wurde die Blüte in Milch gekocht und galt als Mittel gegen Leibschmerzen; als Tee aufgebrüht erhoffte man sich von ihr Linderung von Schwindsucht und Ruhr. Edelweißsalbe schließlich war gegen Gliederreißen das Mittel der Wahl.

Primel on the Rocks

Man ahnt die Idee: Pflanzen, die mit schwierigsten Verhältnissen fertig werden, müssen Kräfte haben, die auch kranken Menschen helfen können. Und in der Tat, Pflanzen über der Baumgrenze wirken wie die Verkörperung des »Prinzips Dennoch«. Im Sommer werden sie vom Gipfelwind sandgestrahlt, im Winter pfeifen ihnen Eiskristalle um die Stängel. Und die Temperaturunterschiede innerhalb eines Tages können 30 °C und mehr betragen.

Schnee schützt Pflanzen zwar vor beißenden Winden im Winter, wird aber zum Problem, wenn er zu lange liegen bleibt: Im Hochgebirge schmilzt der letzte Schnee oft erst im Juni. Und im September wird schon wieder frisch bezogen für die Wintersaison. In der knappen schneelosen, relativ warmen Zeitspanne müssen Pflanzen alles absolvieren, was auf dem Jahresprogramm steht: Wachsen, Blühen, Bestäubtwerden, Früchteansetzen und – ganz wichtig – sie müssen auch noch Reserven für schlechte Zeiten anlegen, die im Hochgebirge so sicher kommen wie der erste Frost im Spätsommer.

Der Boden, auf dem sie wurzeln, besteht oft aus magerem Sand, Kies und Fels; ihr Standort gerät nicht selten ins Rutschen und droht sie zu entwurzeln. Die UV-Einstrahlung übertrifft bei weitem die Höchstwerte, die an wolkenlosen Tagen im Tiefland erreicht werden. Und die Bestäubung ist ein ewiges Generationenproblem, denn hier oben sind nur wenige Insekten unterwegs, oberhalb von 1500 Metern am häufigsten noch Hummeln: Der dunkle Hummelpelz erlaubt den Brummern selbst dann noch das Fliegen, wenn »nackte« Insekten schon zu klamm sind, um noch abheben zu können. Außerdem können Hummeln ihre Flugmuskeln im Leerlauf warm »zittern«, so dass sie auch bei tieferen Temperaturen startklar sind.

Das Alpenveilchen machte eine weltweite Topf-Karriere; die kleinere Urform findet man noch zahlreich in Europas Gebirgen.

So viel Handicap macht neugierig auf die Strategien, mit denen Bergpflanzen ihr Überleben sichern. Da wäre zum einen das »Prinzip flach«. Schon dem Züricher Pionier-Naturkundler der

Alpen, Conrad Gesner (1516–1565), fiel auf: »Die Pflanzen der Berge weichen von denen, die in tieferen Lagen wachsen, durch kleinere und gedrungenere Blätter ab.«

Viele Pflanzen der Hochlagen gedeihen als niedrige Polster: Auf kurzen Stängeln kann der Wind sie nicht so leicht knicken; und wer sich duckt, profitiert auch noch von der Strahlungswärme des Bodens. Mehr noch: Dichte Polster halten in ihrem Inneren die Feuchtigkeit auch an Standorten, wo der ständige Wind den Boden rundum knochentrocken geföhnt hat. Abgestorbene Blättchen werden nicht weggeblasen, sondern fallen meist ins windstille Innere des Pflanzenpolsters und werden dort zu Humus zersetzt – und Humus ist mit das Wertvollste, was es in einem so dürftigen Lebensraum gibt. Außerdem herrschen im Pflanzenpolster geradezu kuschelige Temperaturen: Während draußen vielleicht ein 5 °C kalter Wind pfeift, wird es im windgeschützten Inneren bis zu 28 °C warm.

Andere Pflanzen haben sich einen Pelz zugelegt, der dreifach schützt: gegen Wind, UV-Strahlung und Kälte. Die Küchenschelle ist ein besonders haariges Beispiel für dieses Erfolgsrezept und beim legendären Edelweiß tragen sogar die Blüten noch Pelz. Nicht umsonst heißt es im Volksmund auch Wollkraut.

Gegen die UV-Einstrahlung schützen auch Wachsschichten auf den Blättern und eine ledrige Oberhaut. UV-Strahlung hat allerdings nicht nur schadenstiftende Wirkung, sondern noch einen Effekt, der hoch am Berg gar nicht unwillkommen ist: UV-Licht bremst das Längenwachstum der Zellen und Pflanzenorgane. Schon der französische Botaniker Gaston Bonnier (1853–1922) stellte Ende des 19. Jahrhunderts fest, dass gewöhnlicher Löwenzahn gedrungene, fleischige Blätter, ungewöhnlich kurze Blütenstängel und ein besonders ausladendes Wurzelsystem ausbildet, wenn man ihn vom Tal an die Baumgrenze verpflanzt. Es ist, als »wüsste« die Allerweltspflanze, dass sie hier oben gut beraten ist, wenn sie sich mit langen Wurzeln im Geröll festkrallt, im Wurzelstock eine Extrareserve für schlechte Zeiten anlegt und auf lange Stängel verzichtet, die ohnehin beim ersten stärkeren Wind abgeknickt würden. Das »Wissen« steckt als Anlage in den Genen. Und das Potential zur Extrem-Anpassung wird genutzt, sobald entsprechende Anreize aus der Umwelt es abfordern.

Gipfelsiege in Etappen

Auf dem Gipfel des Finsteraarhorns wurde noch in 4274 Meter Höhe ein Gletscherhahnenfuß-Pflänzchen entdeckt! Und im Grenzgebiet zwischen China und Indien entdeckten Bergsteiger 1955 in 6400 Meter Höhe einen Hahnenfuß und einen kleinen Goldlack. Noch höher schaffen es wohl nur die Flechten – ungemein widerstandsfähige Zwitterwesen aus Alge und Pilz, die erst bei Temperaturen unter –50 °C oder über +70 °C kapitulieren.

So bescheiden das Wachstum der Hochgebirgspflanzen üblicherweise ausfällt, so plakativ sind die Blüten. Sogar Blumen, die man vom Tiefland in die Hochlagen verpflanzt, bekommen hier sattere Blütenfarben, produzieren mehr Nektar und duften stärker. Alpenblumen haben aus gutem Grund verhältnismäßig größere Blüten als Pflanzen des Tieflandes: Wessen Blüten am auffälligsten sind, der hat die besten Chancen, einige der raren Insekten anzulocken. Außerdem sind die Blüten oft ziemlich dunkel: Das hilft Wärme zu absorbieren und unterstützt die Pflanze dabei, ihren Stoffwechsel in Schwung zu bringen. Zudem hat das Insekt die Annehmlichkeit einer beheizten Imbissbude, wenn es auf oder in der Blüte sitzt. Röhrenblüten, ausgesprochen Insekten-benutzerfreundlich, kommen besonders häufig vor.

Bei den extremen Frühblühern haben die dunklen Blütenfarben sogar den Effekt eines Schweißbrenners: Soldanellen zum Beispiel absorbieren mit ihren lila Blütenglöckchen genug Sonnenwärme, um rund um die Blüte, die sich schon unter dem Schnee öffnet, ein kleines Loch in den Schnee zu fräsen.

Und wer hindert sie daran, zu früh loszulegen, etwa verlockt durch einen Apriltag mit Julitemperaturen? Eine Art innere Uhr. Ein warmer Spätwintertag führt sie noch lange nicht in Versuchung, vorzeitig Blätter und Blüten zu treiben, nur um sie dann wenig später an die nächste Frostphase wieder zu verlieren. »Pflanzen vergleichen die Länge des Sonnenscheins mit ihrer ›Inneren Uhr‹. Sie wissen auf einen Tag genau, wo sie sind«, sagt Christian Körner, Botaniker an der Universität Basel.

Aber auch die Extremisten unter den Pflanzen leben nicht nur von Luft und Licht. Wovon leben sie? Gräser und Kräuter unten im Tal können ihre Portion Stickstoff, Phosphor oder Magnesium einfach mit den Wurzeln aus der Erde saugen. Aber wie soll ein Roter Steinbrech, der sich in einer Spalte an einer Felswand angesiedelt hat, an Erde kommen? Mit dem Si-

Frühlings-Küchenschellen tragen aus gutem Grund Pelz: Die Haarhülle schützt ebenso wirksam gegen UV-Strahlung wie gegen Kälte und Austrocknung.

ckerwasser werden zwar kleinste Mengen nährstoffhaltiges Gesteinsmehl und Humuspartikel in die Felsritzen geschwemmt, aber für eine »normale« Pflanze würden diese paar Krümel bei weitem nicht ausreichen. Sie würde hier oben an Mangelernährung zugrunde gehen.

Roter Steinbrech, Aurikel, Zwerggänsekresse und andere behelfen sich mit einem ausladenden Wurzelnetz: Sie fahnden im weitesten Umkreis nach Nährstoffen. Wissenschaftler haben gemessen, dass Hochgebirgspflanzen ein bis zu fünfmal längeres Wurzelsystem haben als ihre Verwandten im Tal. Hinter einem Pflanzenpolster von wenigen Zentimetern Durchmesser kann ein Wurzelnetz von anderthalb Metern Länge und einem halben Meter Durchmesser stecken!

Mangel als Ansporn

An einem Dilemma, dem gnadenlos kurzen Hochgebirgssommer, können allerdings alle Tricks der Bergpflanzenwelt nichts ändern. Umso wichtiger ist es, dass sie wirklich startklar sind, sobald die Umstände danach sind. Hochgebirgsblumen können geradezu blitzartig blühen. Aber sie halten ihre Blüten ja auch schon ab Herbst fix und fertig patentgefaltet und winterfest verpackt in den Knospen bereit. Dort warten sie, ein paar Zentimeter unter dem Boden, bis das Startsignal kommt. Die innere Uhr der Pflanzen zusammen mit äußeren Auslösern wie Temperatur und Bodenwärme bewirken dann, dass die Blüte sich im Zeitraffertempo aus der Knospenhülle schiebt.

Und noch eine Spezialfertigkeit ist am Berg unverzichtbar: Photosynthese funktioniert bei Hochgebirgspflanzen unter anderen Vorzeichen als im Tiefland. Einige der Bergfexe können noch bei –6 °C photosynthetisieren, bei Temperaturen also, bei denen sich im Tiefland kein Blatt mehr produktiv rührt. Außerdem werden bei Kälte die Zucker, die durch Photosynthese gewonnen werden, nicht wie sonst üblich in Stärke umgewandelt, sondern als Zucker im Zellsaft gehortet. Der hoch willkommene Effekt: Sie wirken wie Gefrierschutzmittel. Natürlich sterben trotz all dieser Tricks Pflanzen im Hochgebirge; aber was wir für Erfrierungstod halten, ist häufig Tod durch Vertrocknen: Wie jede Pflanze verdunsten auch Bergpflanzen über ihre Blätter Wasser, doch im Winter können die Wurzeln aus dem gefrorenen Boden kein Wasser nachsaugen. Die Pflanze verdurstet.

Andere Pflanzen ziehen sozusagen eine Kapuze über ihre empfindlichen Teile, um sie gegen Kälte abzuschirmen: Schuppen schützen zum Beispiel die Knospen der Stumpfblättrigen Weide oder des Zwerg-Kreuzdorns vor Frost. Bei vielen Steinbrecharten sitzen die jungen

Blätter tief innen in der Rosette, überschirmt von den älteren, pelzigen Blättern. All diese Systeme sind verblüffend leistungsfähig und die meisten Bergblumen halten es ohne weiteres aus, wenn morgens ihre Blüten mit einer Eisschicht überzogen sind. Mittags blühen sie dann weiter als wäre nichts geschehen.

Die Härtesten unter den Harten sind Algen, die sich nur auf Schnee wohl fühlen und alles über 10 °C als unzumutbare Hitze empfinden. Am liebsten ist diesen Kryophyten – Eispflanzen – Altschnee der Hochlagen über 2000 Meter Höhe. Grünalgenrasen färben den Schnee grün, ein Phänomen das aus den Karpaten bekannt ist; im Oberengadin lassen Mischungen aus verschiedenen Algenarten den Schnee schwarz werden. Und wo sich der Schnee blutrot färbt, sind Massenvermehrungen der Alge *Chlamydomonas nivalis* die Ursache.

Es ist noch gar nicht lange her, da spukten die wildesten Erklärungen über den blutroten Schnee in den Köpfen der Menschen herum. Manche behaupteten, Blutschnee kündige Pest-Epidemien oder Kriege an. Bergbauern witterten Unheil für Hof oder Vieh. Dabei erklärt sich der rote Algenfarbstoff Hämatochrom ziemlich banal: Der Farbstoff entsteht ganz einfach dann, wenn die Grünalgen an Stickstoffmangel leiden.

Apropos Mangel. Ohne exakte Prüfung sieht man leicht Mangel, wo gar keiner herrscht.

Dieser kaum handgroße Steinbrech schickt seine Wurzeln im Umkreis von gut anderthalb Metern in jede Felsritze, um im Stein überleben zu können.

Lange rätselte man, wie sich Pflanzen unter der Schneedecke – bei vermeintlichem Lichtmangel – entwickeln können. Des Rätsels Lösung: Im Hochgebirge ist die Sonneneinstrahlung bekanntlich intensiver als in tieferen Lagen. Sie ist so kräftig, dass die Pflanzen unter der Schneedecke genügend Licht bekommen, um dort, gut frostgeschützt, photosynthetisieren zu können. Selbst bei Außentemperaturen von –20 °C ist der Boden unter der Schneedecke noch frostsicher. Schon wenn der Schnee auf einen Meter Dicke zusammengeschmolzen ist, werden darunter die Blätter grün. Und bei einer Schneedecke von 20 bis 30 Zentimetern dringen immerhin 1/40 bis 1/400 des Lichts nach unten durch. Zum Vergleich. Bei einem belaubten Buchenwald im Sommer strahlen 1/70 bis 1/300 des Licht bis auf den Boden!

Wo Bäume kapitulieren

Entscheidend für die Höhe der Baumgrenze (hier am Watzmann): Wie lange ist der Boden gefroren und hindert die Wurzeln daran, Feuchtigkeit anzusaugen?

Nicht alle Baumarten sind für große Höhen am Berg gemacht. Bergahorn zum Beispiel ist hart im Nehmen, Latschen und Legföhren halten noch mehr aus, aber weit oben wird es selbst ihnen zu heftig. Aber was definiert eigentlich die Baumgrenze? Verblüffenderweise ist es gar nicht so sehr die Winterkälte, entscheidend sind die Sommertemperaturen. Allgemein erklärt: Ein Baum kann sich auf frappierend tiefe Temperaturen einstellen, so lange sie in Zeiten auftreten, in denen er nicht »arbeiten«, keine Säfte transportieren muss. Wird er aber sommers bei der Arbeit kalt erwischt, geht es ihm gefährlich ans Kernholz.

So wunderten sich Experten für Alpenflora bis in jüngste Zeit, wieso die Walnuss – ein bekanntermaßen Wärme liebender Baum – im Großraum Innsbruck so prächtig gedeiht. Konrad Pagitz vom Botanischen Institut der Universität Innsbruck erklärt den scheinbaren Regelverstoß. Die entscheidende Frage für die Walnuss ist nicht: wie kalt? Sie lautet vielmehr: *Wann genau* beißt der Frost zu? Der statistische Temperaturanstieg, der sich für die Region in den letzten Jahren ergeben hat (globale Erwärmung), verteilt sich nicht gleichmäßig aufs ganze Jahr. Entscheidend für das Wohlbefinden der Walnuss ist es, dass die Monate März und April deutlich wärmer geworden sind – exakt die Zeit, in der der Baum am kälteempfindlichsten ist. Januartemperaturen von -20 °C sind demgegenüber nicht das Problem. Es geht um die Extreme *und* ihren Zeitpunkt.

Auch bei der Baumgrenze spielen die durchschnittlichen Temperaturwerte zur »richtigen« Jahreszeit die Hauptrolle. Die Waldgrenze verläuft in Gebirgen – ausreichend Regen vorausgesetzt – ungefähr da, wo die Wachstumszeit mindestens 90 Tage dauert und die Durchschnittstemperatur in dieser Zeit 5,5 bis 7 °C beträgt. Bei diesen Temperaturen schaffen Gebirgsbäume es gerade noch, ihre Triebe so weit ausreifen zu lassen, dass sich eine widerstandsfähige Schutzschicht gegen Kälte und Trockenheit bilden kann. Dementsprechend liegt die Baumgrenze in Polnähe auf Meereshöhe, in den feuchten Tropen bei 3500 bis 4000 Metern, im Himalaja bei 3600 bis 4200 Metern. Der absolut höchste Baumgrenzenwert liegt bei 4500 Metern in den trockenen Subtropen. In unseren gemäßigten Breiten ist die Obergrenze des Waldes zwischen 1650 und 2300 Metern erreicht. Am höchsten hinauf schaffen es in den Alpen Fichte, Lärche und Zirbe. Lärchen mit ihren extrem langen Wurzeln können sich sogar noch in Geröllhalden behaupten. Die Kampfzone oder Krummholzzone aber ist die Domäne der Latsche oder Legföhre. Sie breitet sich dicht am Boden aus. Schlangenartig winden sich die Äste am Boden entlang, verflechten sich miteinander und bilden ein fast undurchdringliches Dickicht von 1,5 bis 2,5 Meter Höhe. Eine einzelne Latsche kann mit ihren Ästen einen Durchmesser von 15 Metern erreichen. Gegen Lawinen und Schneedruck sind diese Kiefern gut gewappnet: Sie stemmen sich nicht dagegen, sondern geben nach. Auch ihre Oberfläche erweist sich als besonders hochgebirgstauglich: Schneebretter rutschen auf den niedergedrückten Ästen mit den glatten Nadeln ab wie auf Schmierseife.

Einige Bäume auf windgepeitschtem Vorposten müssen sich besonders radikal an die Kürze der Vegetationszeit anpassen. Sie können nur noch minimal wachsen und bleiben notgedrungen Bonsais. Hier oben können Bäume mit 2,5 Zentimeter Stammdurchmesser und nicht mal einem Meter Höhe durchaus 100 Jahre alt sein; die Wachstumsringe sind dann nur noch mit dem Mikroskop zu zählen. Einzelne Borstenkiefern, die an der Baumgrenze in den Gebirgen der südlichen USA wachsen, werden auf 8000 Jahre geschätzt!

In manchen Alpenregionen ist die ursprüngliche Baumgrenze durch Beweidung, Abholzung (Bauholz, Stempel für den Bergbau) oder Brandrodung teilweise um etliche hundert Meter nach unten verschoben worden und schafft nicht mehr den Weg zurück nach oben. Das liegt an der »Einsamkeit der Pioniere«: Wo kein geschlossener Wald für relative Windstille in seinem Inneren und damit für wärmere Temperaturen sorgt, ist ein Baum, der sich alleine vorwagt, allen Wetterunbilden ausgesetzt – und damit ein fast sicherer Todeskandidat.

Das Edelweiß

Seit Mitte des 19. Jahrhunderts war es in gelehrten Kreisen »in«, mit Botanisiertrommeln loszuziehen – auch und gerade ins Gebirge. Man systematisierte, sammelte, presste Pflanzen – jeder Sommerfrischler ein kleiner Carl von Linné.

Interessanterweise wurde dabei nicht die schönste Alpenblume die begehrteste, sondern die vielleicht eigentümlichste: Wie kaum eine andere Pflanze – allenfalls mit einigem Abstand noch der Enzian – wurde das Edelweiß zum Alpen-Logo schlechthin. Die charakteristische Blütensilhouette prangt auf Wanderstöcken, Lederhosen, Wirtshaus- und Infobüro-Schildern, sie ziert Käseschachteln und die 2-Cent-Münze Österreichs, schmückt die Feldkappen der Gebirgstruppen von Österreich und Deutschland und prangt neben dem Schriftzug des DAV, des deutschen Alpenvereins. Als Postkartenzierde ist die weiße Blüte ohnehin ein Dauerbrenner. Und »Ay-del-whys« ist die einzige deutschnamige Blume, die es an die Spitze der englischen Hitparade geschafft hat und sich dort wochenlang hielt, länger als die gleichzeitigen Beatles-Welthits – eine Überraschungsblüte der Popmusik. »Edelweis, Edelweis, every morning you greet me ...« schnulzte Engelbert Humperdinck Ende der Sechzigerjahre.

Eine beliebte Stereotype, die auch Wolfgang Ambros in seiner genialen Alpen-Travestie »Der Watzmann« aufgetischt hat, ist der schmachtende Jüngling, der lederbehost und gamsbärtig ein Edelweiß aus der Steilwand klauben will, um es an der Schlafzimmertür seiner Angebeteten als Schlüssel-Blume einzusetzen – und der, fast am Ziel, abstürzt, meist die Blume in der todeskrampfigen Faust, das brechende Auge himmelwärts gerichtet.

Dabei ist die Blüte eigentlich nichts als ein Missverständnis. Was der Betrachter dafür hält, ist in Wirklichkeit nur das Show-Element: stark vergrößerte wollige Hochblätter (Hochblätter sind bei den meisten Blumen grün und unscheinbar und haben die Aufgabe, die Blütenknospe zu umhüllen und zu schützen), die vier bis acht kleine Blütenköpfe umrahmen, die wiederum aus jeweils mehreren hundert Einzelblüten bestehen. Doch das Missverständnis geht noch weiter: Genau genommen ist das wollige Blümchen weder im Fels zu Hause, noch ist es eine echte Alpenpflanze. Das Edelweiß ist nach den Eiszeiten von den innerasiatischen Steppengebieten bis in die Alpen verfrachtet worden. Doch irgendwann haben Einwanderer Heimatrechte.

Leben in Zeitlupe

Wo der Bergwind angreift, werden aus Bäumen bisweilen seltsame Gestalten. Der Wind trocknet aus und nimmt Wasser schneller mit, als die Wurzeln es aus dem oft noch gefrorenen Boden nachsaugen können. Und da vor allem die windausgesetzten Wipfeltriebe betroffen sind, wachsen am besten noch die tief liegenden Seitenäste. Wanderer kennen das Phänomen: Wipfeldürre im Hochgebirge.

Um dem Killerwind so gut es geht auszuweichen, gehen Bäume und Büsche im Hochgebirge gerne auf Kriechkurs knapp über dem Boden, wo sie außerdem im Winter Schneeschutz genießen. In sehr hohen Lagen wird ohnehin jeder Trieb abgetötet, der über den Schnee herausragt. Äste, die im Lee des Stammes austreiben, haben die besten Überlebenschancen; Äste auf der Luv-Seite werden oft von der steifen Bergbrise um den Stamm herumgebogen und wachsen dann quasi per Umweg dem Wind davon.

Die skurrilen Baumgestalten, die unter der Regie des Gipfelwindes entstehen, erinnern an Geister oder Gnome. Besonders an Tagen, wenn die Nebelfetzen den Berghang heraufziehen, ist selbst ein nüchtern denkender Mensch versucht, über sündige Seelen nachzudenken, die vielleicht ihre Untaten als verhutzelte Baumgnome an der Waldgrenze büßen …

In der obersten Kampfzone der Bäume hat der Wind die Äste oft spektakulär in eine Richtung »gebürstet«.

Gestraft sind sie wirklich, die wenigen Baumgestalten über der Waldgrenze, die passenderweise auch noch Kampfzone heißt. Zum Überleben mag die Kraft gerade noch reichen, zum Ausbilden von Samen dagegen nur noch selten: Fichten produzieren an guten Standorten alle drei bis fünf Jahre Samen, in höheren Lagen alle sechs bis acht Jahre, an der Baumgrenze aber nur noch alle neun bis elf Jahre und von diesen Samen ist ein Großteil nicht einmal lebensfähig. Was hier oben wächst, muss fast immer von weiter unten hochtransportiert werden – durch Wind oder Tiere.

Von Pfaden, Pässen und Schienen

Alpenquerungen waren früher eher Horror als Genusstour. Erst leidlich befestigte Pässe sowie Gastronomie und Hotellerie am Weg machten Fernreisen zu einer erträglichen Strapaze.
Waren es zu Zeiten des römischen Imperiums noch überwiegend strategische Gesichtspunkte, die Straßenbau und –erhalt auf die Tagesordnung setzten, überwogen schon ab dem Frühmittelalter Handelsinteressen.

Die Straßen der Macht

Alpenüberquerungen waren in den vergangenen dreitausend Jahren (davor erst recht) durchaus Angelegenheiten auf Leben und Tod und wer den Hauptkamm leidlich unversehrt hinter sich gebracht hatte, war sehr offensichtlich »über den Berg«.

In jedem Fall brauchte man einen verdammt guten Grund, um Gesundheit oder Leben zu riskieren; Erholungsfahrten im Stil der Neuzeit, ausgerechnet in die schrecklichste Todeszone der bekannten Welt, wären den Menschen der Antike oder des Frühmittelalters als gotteslästerlicher Zynismus erschienen.

Römische Münze, geprägt nach 15 v. Chr., zum Gedenken an die Unterwerfung der Alpenvölker. Nur in befriedeten Gebieten waren Straßen sicher.

Was allerdings um 600 v. Chr. der »gute Grund« der Kelten gewesen sein mag – vielleicht Siedlungsdruck, Stammesfehden oder Hungersnot –, die noch weglosen Alpen zu überqueren und das heutige Mailand zu gründen, weiß die historische Quelle (Livius, 59 v. Chr. – 17 n. Chr.) nicht zu sagen.

Gut belegt sind dagegen die römischen Absichten: Es galt, schnelle und leidlich sichere Verbindungen in die nördlichen und nordwestlichen Provinzen zu halten. Hier erwiesen sich die Römer einmal mehr als gute Baumeister, Strategen und Organisatoren. Schon ihre Routenwahl zeugt von Erfahrung und praktischer Klugheit: Man mied Lawinenstriche und Steinschlagschneisen, bevorzugte dagegen Sonnenhänge. Manpower war für eine Sklavenhaltergesellschaft das geringste Problem und bei Bedarf wurden auch Einheimische zwangsrekrutiert. Die Römerstraßen waren zwischen 1,25 und 3,25 Meter breit, wobei harte Steigungen mit Bohlen und Schotterauflagen rampenartig entschärft wurden. An besonders heiklen Stellen sorgten sogar Gleisspuren für den nötigen Halt der Wagen.

Wer es sich leisten konnte, reiste in vierrädrigen Planwagen – schon damals gab es eine Art 1. Klasse. In Abständen einer Tagesstrecke

Pierre Portius hieß dieses Felsentor auf der Strecke Basel-Biel; gehauen hatten es römische Sklaven.

(23 bis 28 Kilometer) gab es Unterkünfte und Pferdewechselstationen. Wegstrecken und Unterkünfte mussten von den Anliegern in gutem Zustand und – so gut wie möglich – schneefrei gehalten werden.

All das schaffte, mit heutigen Maßstäben gemessen, natürlich nur relative Sicherheit und Bequemlichkeit. Und römische Soldaten – zumal wenn der Marschbefehl ihnen nicht erlaubte, eine der wenigen ausgebauten Straßen zu nutzen – haben wohl die Gefahr für Leib und Leben in hochalpinen Lagen mehr gefürchtet als die marodierenden, aber schlecht ausgerüsteten Gallier jenseits des Gebirges. Der römische Dichter Claudius Claudianus (375–404 n. Chr.) schildert einschlägige Erfahrungen des Heermeisters Stilicho (365–408 n. Chr.): »Viele Krieger erstarrten vor Frost, als hätten sie das Antlitz der Gorgo geschaut, viele verschlang die Masse des tiefen Schnees, oft versanken Wagen und Gespann wie ein schiffbrüchiges Fahrzeug in den Abgrund, bisweilen stürzte ein Berg durch einen Eisrutsch zusammen und der laue Föhn machte durch Unterhöhlung des Bodens den Tritt unsicher [...]. Zufrieden ist man, zusammengeraffte Nahrung, ohne die Waffen abzulegen, zu kosten und belastet mit dem triefenden Mantel klopft der Reiter das frierende Pferd.« Claudianus/Stilicho beschreibt die Gefahren der gefürchteten Via Mala (»schlechter Weg«), einen Teilabschnitt des heutigen San Bernardino-Passes.

Die Römer gingen und das Wege-Chaos kam

Das Ende des Römischen Reiches im 5. Jahrhundert brachte auch den Verfall der Transalpenstraßen: Hochgebirgs-Fernstraßen lassen sich nicht halten, wenn es keine organisierten, in die Ferne ausgreifenden Interessen gibt. Und so waren die Alpen zur Zeit der Völkerwanderung und des Frühmittelalters sicherlich bedrohlichere Barrieren als in den Jahrhunderten um die Zeitenwende.

Das änderte sich langsam – qualvoll langsam aus der Sicht der Reisenden. Wandel kam in dem Maße, wie das Wiedererstarken Roms (dieses Mal als religiös-weltliche Macht) und der aufkeimende Handel zwischen Zentraleuropa und dem Mittelmeerraum diverse Alpenquerungen erforderten.

Unter den frühen Alpenpassanten waren ab etwa dem 11. Jahrhundert neben Handelsreisenden, Handwerkern und Spielmännern auch Scholaren, die sich in Parma, Bologna, Modena, Padua und Siena den rechten lateinischen Schliff holen wollten. Und auch die Pilgerreisen in die heutige Stadt Rom kamen langsam in Schwung.

Wer seinem Gott näher kommen wollte, ersatzweise dessen Stellvertreter, tat gut daran, vor Antritt der Reise prophylaktisch mit dem Erdenleben abzuschließen, denn die Chancen, es unterwegs einzubüßen, standen nicht schlecht. Schlimmer noch als Wegeverhältnisse und Wettereinbrüche waren Räuberbanden. Wegelagerer hielten mit Vorliebe die Passhöhen besetzt und nahmen erbarmungslos Gut und Leben. Ein Brief des Reichenauer Benediktiner Abtes Walahfried Strabo (809–849) würdigt die Leiden eines Laienbruders: »Wer wird je die zahllosen Strapazen aufzählen können, die du […] ertrugst, die zahllosen Gefahren, denen du dein Leben aussetztest? […] Ach welche Hinterhalte bedrohten dich nicht mitten in den Alpen, wo die schlauen Truppen des Feindes die engen Pässe umzingelten! Wie oft packte dich die Angst, wenn du auf schmalem Steg die mächtigen reißenden Flüsse überqueren musstest! Wie oft musstest du nicht ängstlichen Herzens im Versteck ausharren […] Der Rückweg war für dich nicht minder qualvoll: Erneutes Grauen brachte er dir, Hinterhalt und Nachstellungen auf jedem Pfad.«

Der erzwungene Durchzug des Barbarossaheeres 1154/55 durch die Veroneser Klause, wie ihn sich Wilhelm Camphausen um 1860 vorstellte.

Kurzum: Wer sich auf Wallfahrt durchs Alpengebirge begab, musste sich seiner Sache oder seines Gottes sehr sicher sein.

Die einzige halbwegs sichere Alternative war bewaffneter Geleitschutz. Den hatte Kaiser Friedrich Barbarossa (1122–1190) sozusagen gewohnheitsmäßig mit dabei, wenn er die Alpen querte – was mindestens fünf Mal geschah. Als er 1154 aufbrach, um sich in Rom zum Kaiser krönen zu lassen, waren 1800 Ritter in seinem Aufgebot; jeder Ritter beanspruchte einen Knappen, zwei bis drei Pferde und in den Alpen dazu noch ein Packpferd. Im Tross reisten schreibkundige Kleriker, Waffen- und Hufschmiede und sogar Unterhaltungskünstler mit. An den Proviantwagen dagegen wurde gespart: Man ernährte sich wie zu Kriegszeiten »aus der Bevölkerung«.

Den Kirchenmännern – wenn sie nicht gerade im Schutz bewaffneter Potentaten mitreisten – verbot sich diese Art der Proviantierung naturgemäß. Intakte Leiblichkeit war aber auch bei Geistlichen ein hochrangiges Bedürfnis, zumal sich die Notwendigkeit zu kirchlichen Dienstreisen in dem Maße erhöhte, wie sich das päpstliche Machtgeflecht über ganz Europa legte. Und die Gesandten des Papstes wollten verständlicherweise etwas mehr Schutz als ihnen Gebete und mitgeführte Reliquien (enorme Wertgegenstände in wundergläubigen Zeiten!)

versprachen. So war es abermals Rom, das den Reisekomfort nicht nur für Kleriker erhöhte: Klöster entlang der Hauptwege wurden nebenberufliche Hospize; etliche neue wurden entlang der Strecke gegründet, teils – strategisch und bautechnisch geschickt – auf den Ruinen der antiken Vorgängerbauten. Davon profitierten letztlich alle Reisenden und auch der Handel, was von den örtlichen Fürsten gerne gesehen und deshalb unterstützt und gefördert wurde.

Das berühmte Hospiz auf dem Großen Sankt Bernhard zum Beispiel wird erstmals im Jahre 895 erwähnt. Das Bild seines Gründers Bernhard von Menthon ist zu stark von Legenden überrankt, als dass man viel historisch Verlässliches über den Mann sagen könnte. Aber immerhin dieses: Bernhard verdankt die Christenheit so bemerkenswerte Hilfsmittel und Stützen des Glaubens wie Geißelrute und Büßerhemd, aber eben auch eine mustergültig geführte Passstation.

Ihre Gründungsgeschichte ist action pur: Bernhard machte gerade in Aosta Karriere, als ihm Pilger unter die Augen traten, die auf ihrem Weg nach Rom von Banditen ausgeraubt und blutig geschunden worden waren; schlimmer noch, auch der Teufel selbst habe Hand an sie gelegt. Bernhard ergriff das nächstgelegene Kreuz und führte eine Prozession zum Tatort an. Oben am Gletscher vertrieb er die bösen Geister, stürzte eine überlebende antike Götterstatue und ließ auf den Ruinen eines Jupitertempels (ohne Frage eine antike Bergstation) sein Hospiz errichten.

Dieses wurde im Laufe seiner Existenz 10-mal zerstört und wieder aufgebaut; allein diese Hartnäckigkeit muss schon als Ausweis seiner Notwendigkeit gelten. Mitte des 16. Jahrhunderts – der alpenüberquerende Verkehr war gewaltig angewachsen – versorgten hier Augustinermönche bis zu 300 Menschen am Tag. Die Unterkunft war eher spartanisch, das Essen aber reichlich und nahrhaft. Neben allerlei Gemüse und Getreide gab es, wie eigens vermerkt, auch Speck, damals die Krönung einer guten Mahlzeit.

Vom Grundsatz, dass in (Berg-)Not und vor Gott alle gleich sind, war das Hospiz allerdings weit entfernt: Feine Leute – sie durften in den »Fremdensalon« – und gemeines Volk wurden säuberlich getrennt. Berühmt für seinen Gruseleffekt war ein schneegekühlter Leichenraum, in dem Reiseopfer zur Identifikation herumlagen, oft jahrelang.

Kaum minder berühmt wurde das St.-Gotthard-Hospiz, Anfang des 13. Jahrhunderts von Kapuzinermönchen gegründet. Dort bewirtete man in Spitzenzeiten bis zu 10 000 Gäste pro Jahr: »Auf die eine oder andere Weise [wurden Reisende] unterstützt und verpflegt [...] eine Wohlthat, die in einer solchen wilden Alpengegend in Mitte von Schnee und Eis von unschätzbarem Werthe«, so nachzulesen in einer alten Haus-Chronik. In der Spitzensaison 1879/1880 waren es sogar 18 000 Gäste, die bei den Kapuzinern einkehrten. Der bekannteste Gast war sicherlich Goethe, der genau hundert Jahre zuvor auf der Rückreise aus Italien hier einkehrte und folgendes Menü speiste:

»1. Eine gute Reissuppe, in welcher eine Knackwurst sich befand.

Ein logistischer Galoppsprung: Die Postverbindung über den großen St. Gotthard ließ Mittelmeeranrainer und Mitteleuropa näher zusammenrücken.

2. Pökelfleisch mit einer guten Sauce nebst Senf.
3. Fisch, sowohl im Semmel geröstet als mit Essig und Zitrone.
4. Gansbraten
5. Nachtisch, der in gutem Schweizerkäse und Most bestand.«

Die Mönche waren in vielerlei Hinsicht Herbergsväter im modernen Sinne: Sie kümmerten sich um Verschollene waren wetter- und ortskundige Berater, hielten Wege in Stand und begleiteten notfalls Bedürftige ein Stück des Weges.

In den Ostalpen fielen die entsprechenden Aufgaben früher als im Westen in säkulare Hände. Hier etablierten sich die so genannten »Tauernhäuser«, in denen Wirte die übliche Hilfe leisteten – also Kost und Logis, Erste Hilfe in Notfällen und schlimmstenfalls letzte Hilfe. In einer alten Chronik ist ausdrücklich vermerkt, dass ihnen auch der Tal-Transport tödlich Verunglückter oblag.

Rechts: Die Teufelsbrücke – dramatisches Teilstück der St. Gotthard-Route – galt lange als Pioniertat der Brückenbaukunst.

Tödliche Risiken galten irgendwann als normale Handels- und Berufsrisiken. Wo es viel zu holen gab, da musste man hin, koste es was es wolle.

In dem Maße wie Venedig ab Ende des 14. Jahrhunderts zur Welthandelsmetropole wurde, entwickelte sich der Brenner zur Alpenquerung Nummer eins. Bozen – 1550 gab es dort bereits 70 Gast- und Wirtshäuser bei 5000 Einwohnern – wurde ein weltberühmter Warenumschlagplatz wie heute Rotterdam oder Djakarta. Und neben den Augsburger Fuggern, die den Brenner als erste Handelsgroßmacht der Neuzeit quasi zum Fugger-Highway machten, erkannte auch Kaiser Maximiliam I. (1459–1519) den Brennpunkt Brenner: Im Jahre 1490 beauftragte er die Familie de Tassis (später von Taxis), einen ständigen Post- und Personenverkehr zwischen Innsbruck und Mailand zu unterhalten. Damit hat Maximilian vermutlich den öffentlichen Fernverkehr erfunden und begründet.

Der Brenner war es auch, wo sich schon im 13. Jahrhundert das Maut- und Zoll-System etablierte. Güter, Personen, Trag- und Zugtiere wurden mit Durchlass-Gebühren belegt; die Maßeinheit war seit dem 13. Jahrhundert der »Saum« oder »Soma« – die Last, die ein Pferd oder Maultier tragen konnte, etwa drei Zentner. Je nach transportiertem Gut beliefen sich die Gebühren auf 2 bis 10 % des Wertes. Besonders heftig wurde bei indischen Gewürzen zugeschlagen. Zölle machten um 1600 34 % der Einnahmen Tirols aus! Brixen verdankt dieser Frühform der legalen Wegelagerei seinen Aufstieg zur wohlhabenden Stadt.

Für die Anlieger der großen Alpentransversalen waren Berge mit Beginn der Neuzeit mehr Einkommensquelle als Hindernis. Und in dem Maße wie Fernhandel und -reise organisiert abliefen, wuchs natürlich auch das Wissen darüber, wie man Gefahren in den Griff bekommen konnte. Entsprechende Ratschläge ließen sich zu Geld machen. Der Schweizer Gabriel Walser (1695–1766) verfasste um 1740 ein Büchlein mit dem Titel »Von den Alpreisen, und was diejenigen, welche die hohen Alpen besteigen wollen, beobachten sollen«. Dort heißt es: »Wer die hohen Alpen besteigen will, der trete in Gottes Namen die Reise an, befehle sein Leib und Seele seinem Gott. Demnach lasse er sich ein paar Schuhe mit dicken Sohlen zurichten und die Absätze und Sohlen mit Schirm-Nägelköpfen dicht aneinander beschlagen, gleich ob er mitten im Winter über glattes Eis reisen wolle. Wer dieses nicht beachtet, geht unsicher. Man kann sich auch mit Fußeisen, deren die Gamsjäger sich bedienen, versehen. Man nehme ferner einen starken, mit Eisen beschlagenen spitzigen Stock, um denselbigen in den Schnee und in das Eis zu stecken, sonderbar wo man über die Gletscher geht, um zu sehen, ob keine Spalten unter dem Schnee sich finden, in die man fallen könnte. […] Indem man über hohe Praecipitia [Abgründe] geht, soll man immer nur vor sich auf den Weg und ja nicht etwa in die Tiefe hinabsehen, denn solches verursacht den Schwindel. Wird man aber von dem Schwindel befallen, so soll man sich auf den Bauch zur Erde niederlegen.« Schließlich gibt Walser noch zu bedenken, man möge »sich vor allzu fetten Speisen [hüten]; die Luft ist zu dünn und der Magen mag es nicht vertragen«.

Mit Gott am St. Gotthard

Schwer verträglich für Mensch, Zugtier und Material blieb lange die Qualität der Wege; erst die Siebzigerjahre des 18. Jahrhunderts – Maria Theresia beherrschte den ganzen mittleren und östlichen Alpenraum – brachten spürbare Verbesserungen. Und die wiederum waren wohl Voraussetzung für ein neues Phänomen: die Kavaliersreise. Reiche, oft adelige, in jedem Fall aber wohlhabende Müßiggänger aus England, Frankreich, den Niederlanden und Deutschland überquerten die Alpen in geselligen Haufen zu Amüsier- oder Bildungsreisen (mit dem Unterschied nahm man es nicht so genau) nach Italien. In dem Maße, wie die Wege sich von Schlagloch-Äckern und saisonalen Bachläufen zu einigermaßen ebenen Wegen wandelten, konnte das schöne Reisemotto »Der Weg ist das Ziel« auch für die Hochlagen der Alpen gelten.

Als relativ Vertrauen erweckend galt stets der St.-Gotthard-Pass. Zeitgenossen lobten besonders den Kurvenausbau und die Brückenkonstruktionen. Beim Bau der berühmten Teufelsbrücke über die Reuss wurden augenscheinlich Konstruktionsprinzipien verwendet, wie sie sich am Baseler Dom (Baubeginn 11. Jahrhundert) und am Freiburger Münster (um 1200 begonnen) finden. Der Name Teufelsbrücke zeugt von der Bewunderung, die man der kühnen Konstruktion zollte – und von ein wenig Aberglauben. So soll der Teufel in persona die Brücke gebaut haben, gegen die Zusicherung, dass ihm die Seele des ersten Passanten gehöre. Seine listigen Vertragspartner trieben aber zur Premiere eine Ziege über die Brücke, die der gefoppte Teufel voller Wut in Stücke riss. Als er sich anschickte, dasselbe mit der Brücke zu tun, half nur eine vielfach erprobte Nahkampfwaffe. Ein zufällig anwesender frommer Pilger konnte gerade noch rechtzeitig ein Kreuz zur Hochstrecke bringen, woraufhin der Teufel wutschnaubend entwich.

Aber vielleicht war sein Rückzug ja nicht definitiv, jedenfalls gehörten Berichte über gar erschröckliche Angriffe auf Gotthard-Reisende zum festen Bestand der beliebten Reiseschilderungen in den Salonblättern des 18. und 19. Jahrhunderts. Guy de Maupassant, Friedrich Wilhelm Nietzsche, Felix Mendelssohn-Bartholdy, Richard Wagner, Mark Twain und andere veröffentlichten Reiseberichte. Und Balzac bezeugt wortgewaltig, wie er im Schnee am St. Gotthard nur knapp dem Tod entging.

Aber alles in allem verringerten sich die Schrecknisse auf ein erträgliches Maß, begrenzender Faktor war mit dem beginnenden 19. Jahrhundert eher der Füllungsgrad der Geldbörse als die Drohung akuter Lebensgefahr.

Wie dem Alpenverkehr Dampf gemacht wurde

Für Massentransporte über den großen europäischen Querriegel fehlte lange das geeignete Transportmittel. Aber seit in Großbritannien 1813 mit der »Puffing Billy« die erste brauchbare Dampflokomotive über Schienen fuhr, träumten Konstrukteure von der Möglichkeit, sich ohne eigene oder tierische Muskelkraft über den Berg bringen zu lassen. Einer der produktivsten Träumer war Niklaus Riggenbach, gebürtiger Elsässer, aber schon in jungen Jahren nach Basel übergesiedelt. Riggenbach, dem eine kaufmännische Laufbahn vorbestimmt war, brach aus und verließ die ungeliebten Ladentische, um im Paris des Jahres 1837 eine mechanische Lehre zu machen. Abends besuchte er Vorlesungen in klassischer Physik, Mathematik und Mechanik. Und als er Augenzeuge wurde, wie erstmals eine Dampfmaschine die Kurzstrecke Paris–St.Germain entlangfauchte, war sein Lebensentwurf klar: Er wollte dieses neue Verkehrsmittel in die Schweizer Berge bringen.

Riggenbach hatte nicht nur konstruktive Fantasie, sondern auch den Mut zur kleinschrittigen Systematik. In der Kessler'schen Maschinenfabrik in Karlsruhe arbeitete er sich zum Geschäftsführer hoch und beteiligte sich an der Konstruktion etlicher Dutzend Dampflok-

Die Rigibahn, die erste Hochgebirgsbahn Europas

Zahnradbahn der Sonderklasse

Der Gipfel des Pilatus war über Jahrhunderte durch ein religiöses Tabu eine Art Sperrgebiet (vgl. S. 48f.). Heute kann man die Bergstation Pilatus-Kulm in 2063 Meter Höhe über eine der spektakulärsten Zahnradbahnstrecken der Alpen erreichen, die im oberen Bereich sogar faszinierende 48 Grad Steigung überwindet. Diese Strecke wird von Ronald Gohl (vgl. Literaturliste) den Liebhabern von Zahnradbahnen ganz besonders empfohlen. Sein Rat scheint allenthalben auf offene Ohren zu stoßen, denn jedes Jahr lassen sich Tausende von Besuchern per Zahnradbahn auf den einst verfluchten Berg hiefen.

Im Sommer 1858, als auf dem Gipfel die erste Gaststätte eröffnet wurde, mussten Besucher noch einen mehrstündigen Anstieg auf sich nehmen. Heute starten sie ihre kürzeren oder längeren Touren ganz bequem gleich von der Bergstation der Pilatusbahn aus. Der Weg zurück ins Tal setzt weit mehr Ausdauer voraus: Vier Stunden Marsch sind Standard. (Seit 1963 steht auf dem Pilatus-Kulm ein komfortables Hotel). In 20 Minuten kann ein durchschnittlich Trainierter von hier aus den höchsten Punkt des Pilatus erreichen: das 2128 Meter hohe Tomlishorn. In ebenfalls wenigen Minuten ist der Gipfel mit dem skurrilen Namen Esel erklommen (2119 Meter), der wegen seiner spektakulären Aussicht so beliebt ist.

Typen. Mit noch nicht 30 Jahren wusste er alles, was man über Dampfmaschinentechnik wissen konnte, und er wusste auch, dass es (damals noch) unbezahlbar lange Rampen und Tunnels brauchen würde, um Alpengrate auf dem Schienenwege zu bezwingen.

Zurück in der Schweiz konstruierte er die »Limmat«, die erste Schweizer Dampflok, die am 9. August 1847 von Zürich nach Schlieren keuchte. Aber auch das viel bestaunte Dampfungetüm würde, das war Riggenbach klar, es nicht mit Schweizer Gipfelhöhen aufnehmen können. Seine Idee, wie das Problem zu steiler Anstiege zu lösen wäre, hieß Zahnradbahn. Aber wie so oft, galt der Prophet (in diesem Fall der Prophet einer neuen Technologie) nichts im eigenen Lande. Mangels Interesse daheim meldete er 1863, inzwischen 46-jährig, seine Konstruktion in Paris zum Patent an.

Aber da lag sie nun, die große Idee, und Riggenbach musste es erleben, dass ein Amerikaner, Silvester Marsh, die erste funktionstüchtige Zahnradbahn auf den 1917 Meter hohen Mount Washington (New Hampshire) schickte.

Doch die Überrundung erwies sich im Nachhinein als segensreich für Riggenbach, so nachzulesen bei Ronald Gohl (»Auf steilen Schienen in die Berge«). Der Schweizer Generalkonsul in den Vereinigten Staaten machte über den Großen Teich hinweg Druck; er hatte ja den Sichtbeweis vor Augen, dass die Idee seines Landsmanns sinnvoll und gut war. Der Bau der ersten Riggenbach-Bahn wurde noch im selben Jahr, in dem die Marsh-Bahn in Dienst genommen wurde, konzessioniert und im Mai 1871 eröffnete der Schweizer Zahnrad-Pionier die erste Hochgebirgsbahn Europas; sie führte auf den Rigi.

Von nun an war Riggenbach Weltreisender in seiner ureigenen Sache und die Schweiz wurde zum Quasi-Monopolisten für diese Technik. Von den 85 Bahnen, die zu Lebzeiten des Zürichers in den vereinigten Kantonen gebaut wurden, sind über die Hälfte reine Riggenbacher.

Sein Schüler und späterer Konkurrent Roman Abt gewöhnte den Antriebsmaschinen das typische Rütteln ab; das Abt-Triebrad hatte zwei Kränze, die leicht versetzt in zwei Zahnstangen fassten: Ehe die Zacken des linken Kranzes die Einbuchtung in der Führungsschiene verließen, hatte ein Zacken des rechten Kranzes schon zugepackt.

Die Umstellung von Dampf auf Elektrizität stieß auf keine großen Probleme, der Fortschritt machte vorm Berg nicht halt. Allenfalls strenge Nostalgiker bevorzugen auch heute noch die wenigen Überlebenden aus der Dampfzeit, die hier und da Touristen bergauf und bergab befördern. Wer allerdings Superlative technischer Art sucht, sollte die Pilatusbahn wählen, die mit 48 Prozent das steilste Teilstück bewältigt.

Der Retter auf vier Pfoten

Mit manchen Mythen ist es wie mit Figuren aus Kinder-Malbüchern: Die Umrisse sind vorgegeben, das farbige Bild entsteht später. Am Bernhardinerhund, dem körper- und mythenschweren Guthund, dem Retter aus der Bergnot, dem guten Geist auf vier Pfoten, lässt sich dieses Nacheinander belegen; seine Erscheinung, so wie sie heute weltberühmt ist, entstand Jahrzehnte, nachdem sein Ruhm begründet war.

Oder mit anderen Worten: Die ersten Bernhardiner sahen nicht aus wie die Hunde, die uns heute unter diesem Namen rotbraun/weiß, zottelig, riesenwüchsig und schwergewichtig in den Weg treten. »Der moderne St. Bernhardshund (hat) wenig Ähnlichkeit mit dem alten Hospizhund [...] und [wäre] auch nicht zur Arbeit eines Lawinenhundes fähig«, so die Hunde-Expertin Eva-Maria Krämer.

Woher also stammen die legendären Rettungshunde der Wirts-Mönche auf dem Hospiz des Großen St. Bernhard? Marc Nussbaumer vom Berner Naturhistorischen Museum hat den Stammbaum des Schweizer Charakterhundes auch über die sichtbare Linie hinaus zurückverfolgt. Sein Urteil: Die Bernhardiner, die heute den Touristen auf der Passhöhe vorgezeigt werden, sind eine freundliche Irreführung; ihr Äußeres hat wenig mit den agileren, vermutlich kleineren, robusteren Vorläufern zu tun, die in vergangenen Jahrhunderten hier tatsächlich Lebensrettungsdienste versahen. Die »Hunde Gottes« waren kurzhaarige, robuste Hütehunde, die bei den Bauern im Tal Haus, Hof und Herden bewachten und gelegentlich auch mal den Karren aus dem Dreck ziehen mussten: Sie wurden sogar als Zugtiere eingesetzt. Mit ihrer dichten Unterwolle und der breiten Brust waren sie außerdem bestens dazu geeignet, eine unter Umständen lebensrettende Spur durch den Neuschnee zu pflügen.

Die Mönche hatten dieses Potenzial bald erkannt und holten sich ab Mitte des 17. Jahrhunderts regelmäßig Hunde auf die Passhöhe. Wobei die erste Erwähnung eines Diensthundes auf der Passhöhe noch eine Spur profaner klingt: Ein Prior Ballalu schildert um 1700 die Erfindung eines Mönches, der ein Hundelaufrad konstruierte, um den schweren Bratenspieß zu drehen – durchaus glaubhaft, denn gegessen wurde bei den Augustiner Chorherren traditionell kräftig und gut.

Wie aber kam der Bernhardiner – sozusagen posthum – zu seiner bekannten Gestalt? Als Vater der Bernhardinerzucht gilt ein Metzgermeister aus dem bernischen Hollingen, Heinrich Schumacher. Er züchtete ab Mitte des 19. Jahrhunderts mit Hilfe der Mönche einen 65 Zentimeter hohen, weiß-rotbraun gefleckten schweren Hund, der 1880 als »St-Bernhardshund« vom internationalen Kynologenkongress anerkannt wurde und sieben Jahre später die Weihen eines Schweizer Nationalhundes erhielt.

Das Bemerkenswerte an dieser Züchtertat ist ihr Motiv. Schumacher wollte eine Legende auferstehen lassen und ihr zugleich eine würdige Gestalt verleihen: Um 1800 lebte und rettete der berühmteste Bernhardiner aller Zeiten (wie gesagt, ein Hund nicht von der heute bekannten Gestalt) auf dem Hospiz über 40 Menschen aus Bergnot. Sein gut Schweizerischer Name »Bäri« (der Bärige) wurde anglisiert zu »Barry«.

Friedrich von Tschudi schilderte 1853 in seinem »Thierleben der Alpenwelt« die Episode, die den Hund zur Legende machte: »Barry fand einst in einer eisigen Grotte ein halb erstarrtes, verirrtes Kind, das schon dem zum Tode führenden Schlaf erlegen war. Sogleich leckte und wärmte er es mit der Zunge, bis es aufwachte; dann wusste er es durch Liebkosungen zu bewegen, dass es sich auf seinen Rücken setzte und an seinem Hals festhielt. So kam er mit seiner Bürde triumphierend zum Kloster.«

Der kritische Leser fragt sich unwillkürlich, wer denn eigentlich bei dieser Rettungstat in der entlegenen Eisgrotte so unmittelbar daneben stand, dass er die Details schildern konnte. Als Barry alias Bäri 1814 nach erfülltem Leben im Tal verstarb, wurde er erst ausgestopft und später – heftig heroisierend – in Gips nachmodelliert und koloriert. So ist er noch heute im Naturhistorischen Museum der Burggemeinde Bern zu bewundern.

Lassen wir es dabei. Denkmäler müssen ja keine Passbilder sein.

Den Alpenländlern ist es über Jahrhunderte nie in den Sinn gekommen, Gipfel ohne zwingende Notwendigkeit (etwa Suche nach verirrten Menschen oder Schafen) zu ersteigen. Wissensdurstige zog es erst vereinzelt, schließlich scharenweise aufwärts. Es folgten – die Briten voran – die ersten Lustwanderer:

Der Drang nach oben – Alpinismus

Touristen, die sich in unwegsamem Gelände selbst beweisen oder einfach nur die Bergschönheit erleben wollten.

Gottlose Bergsteigerei

Weniges ist so metaphernträchtig wie ein Gipfel. Vom Gipfel der Leidenschaft (Achtung: akute Absturzgefahr!) bis zum elitär-politischen G8-Gipfel (Vorsicht: Nebelbildung).

Dabei ist es, historisch gesehen, noch nicht so lange her, dass die Vorlagen für jedwede Gipfelmetaphorik – also die realen Bergspitzen – voll ins Alltagsbewusstsein ragten. Sie waren zwar immer schon da und offensichtlich, diese wolkenkratzenden Finger Gottes. Aber zugleich erlebten die Menschen sie als denkbar weit entrückt.

Auf erhabene Gipfel traute sich jahrhundertelang keiner. Fast keiner. Da oben wohnten in der Antike die Götter, die gern unter sich blieben, da spukte es das ganze lange Mittelalter hindurch, es tanzte der Teufel, es trieben Untote ihr Unwesen und Berggeister verlockten diejenigen, die sich trotz Verboten und Strafandrohung zu hoch hinauftrauten. Besteigungen waren seltene Tabubrüche und deshalb umso bemerkenswerter. Sie waren, ohne Übertreibung, Jahrtausend-Ereignisse und petrifizierten zu Kultur-Meilensteinen. Zwei besondere wären hier zu nennen.

Die erste verbürgte Gipfelbesteigung verbindet sich mit den Namen Philipp V. von Makedonien, der laut Livius den Haemus in Thessalien (um 200 v. Chr.) aus strategischem Interesse bestieg – Naturgenuss war ganz sicher nicht sein Thema. Er wollte sich ein Bild machen, welche Wegemöglichkeiten sich in Richtung Adriatisches Meer eröffneten. »Der Gipfel wurde mit großer Mühe am dritten Tag erreicht, und darauf dem Jupiter und dem Sonnengott Altäre errichtet«, ist in Friedländers »Sittengeschichte Roms« nachzulesen. Offenbar eine selbstverständliche Kulthandlung: Man war in die Sphäre der Götter vorgedrungen und das Mindeste, was ein schicksalsbewusster Mensch da tun konnte, war Beschwichtigung in Wort (Gebet) und Stein (Altar).

Sieg über das Berg-Tabu

Der andere berühmte Gipfelgang der Vor-Bergsteigerzeit fand am Mont Ventoux statt, dem kahlen Riesen der Provence, jenem Berg, an dem sich Jahr für Jahr der Tour-de-

France-Gesamtsieg entscheidet. Einen Sieg anderer Art, keinen der Physis, sondern einen über die Metaphysik, errang am selben Ort im Sommer 1336 der Erstbesteiger Francesco Petrarca (1304–1374), Jurist, Theologe, Gelehrter und Dichter. Den herausragenden Allround-Gelehrten zog und drängte so etwas wie forscherische Neugier – zu der er sich ungeheuerlicherweise und völlig gegen den herrschenden Zeitgeist öffentlich bekannte. Allerdings nicht ganz ohne Rückversicherung. Auf dem Gipfel, den die Seilschaft nach schrecklichen Aufstiegsqualen erreicht, däumelte Petrarca in einer Miniaturausgabe der Bekenntnisse von Kirchenvater Augustin und erwischte prompt dessen einschlägige Ermahnung: »Und es gehen die Menschen zu bestaunen die Gipfel der Berge und die ungeheuren Fluten des Meeres [...] und haben nicht acht ihrer selbst.« Petrarca zitierte mit diesem literarischen Kunstgriff die herrschende Meinung, eine Meinung die damals noch fast immer deckungsgleich mit der kirchlichen war. Augustin (354–430) verdammt die *curiositas*, die Neugier, die sich auf Dinge der materiellen Welt richtet; er rügt damit exakt die Triebkraft, die das Abendland schließlich bergan gezogen hat, aus Mittelalter und Aberglauben hin zu Aufklärung, persönlicher Freiheit und Moderne.

Petrarca wagte den Aufbruch. Den Aufbruch, der ein Ausbruch war. Doch auch ein Pionier ist

Lance Armstrong, Seriensieger der Tour de France, auf den letzten Kilometern zum Gipfel des Mont Ventoux. Bergkönige tragen heute gelb.

das Kind seiner Zeit: Der Gipfel nötigte Petraca zu langen inneren Monologen über des Menschen Endlichkeit und schließlich zu der Versicherung, dass er seinen Blick hinauf und von oben hinab ins weite Land als Meditation und Gottesschau verstanden wissen wollte.

Es wurde verschiedentlich – auch von der Literaturwissenschaftlerin Angelika Wellmann – angezweifelt, ob Petrarca tatsächlich körperlich und nicht nur in seiner philosophisch beflügelten Fantasie oben war: 45 Kilometer an einem Tag? 1500 Höhenmeter gänzlich untrainiert?

Und all das ohne die Andeutung von passender Ausrüstung?
Aber was soll's: Georg Bayerle, Herausgeber einer sehr lesenswerten Zusammenstellung von »Lesespuren im Gebirge«, resümiert: »Petrarca verknüpft den Menschen und seine Selbstwahrnehmung mit der natürlichen Gegebenheit von Gipfeln und Tälern.« Petrarcas Tabubruch, einerlei ob mit den Beinen oder nur mit dem Kopf vollzogen, öffnete die dritte Dimension: Höhe. Allerdings blieb er lange über der Höhe seiner Zeit; sein Beispiel – Bergsteigen als Lust- und Erkenntnisgewinn – blieb lange ohne Nachfolge.

Francesco Petrarca erstieg im Sommer 1336 den Mont Ventoux. Unerhört, fast gotteslästerlich! In seinem Besteigungsprotokoll finden sich denn auch viele kunstvoll eingebaute Entlastungsargumente in eigener Sache.

Auch der Bergpionier Conrad Gesner, der 1555 den Pilatus bestieg, hatte greifbare Gründe. Der berühmte Schweizer Naturforscher schrieb: »Ich habe mir vorgenommen [...] solange mir Gott das Leben gibt, jährlich mehrere, oder wenigstens einen Berg zu besteigen, wenn die Pflanzen in Blüte sind, teils um diese kennenzulernen, teils um den Körper auf eine ehrenwerte Weise zu üben und den Geist zu ergötzen.«
Hier finden sich in einem Satz drei wichtige Motive des Bergbesteigens versammelt: Forscherdrang, Ertüchtigung, Erbauung. Ein Zeitgenosse Gesners, der Arzt Hypolit Guarinoni (1571–1654) sah das ähnlich: »Das Bürg ist das allherrlichste Ort der Übung [...] eine rechte Lauf- und Springschul.«
Es dauerte allerdings noch etliche Generationen, ehe solche Meinungen mehrheitsfähig wurden. Noch um 1600 waren im Alpenbogen nur ganze 35 Berggipfel schriftlich erfasst und kaum ein Dutzend davon bestiegen. Gesners und Guarinonis Vision vom steinern gefassten Gesundbrunnen hatte noch nicht das, was man heute grundlegende Infrastruktur nennen würde: Leidlich sichere Straßen, ausreichend Hospize, Einwohner, die gewusst hätten, wie man die harte Umwelt zu Geld machen kann.

Aufstieg zum Wissen – Naturwissenschaftler am Berg

Die ersten Gipfelstürmer waren denn auch eher Wissensdurstige als Erlebnishungrige: Wissenschaftler, die früh erkannten, dass die Ausnahmelandschaft einen viel versprechenden Blick auf die Regeln der Natur erlaubte. Der Universalgelehrte Johann Jakob Scheuchzer war Anfang des 18. Jahrhunderts einer der Ersten, der auf der Suche nach Alpenblumen die Hänge hinaufkeuchte und der sich unter anderem mit systematischen Darstellungen von Versteinerungen in die Wissenschaftsgeschichte einschrieb. Der berühmte Isaac Newton persönlich sponserte mit 20 Pfund den Erstdruck von Scheuchzers »Itinera alpina tria« – wohl dem ersten naturkundlichen illustrierten Alpenführer.

Die Brüder Jean André und Guillaume Antoine de Luc maßen physikalische Daten wie Druck und Kochtemperatur von Wasser in unterschiedlichen Höhen – alpinistische Pioniertaten unterliefen ihnen gewissermaßen nebenbei, wie die Erstbesteigung des Buet (3109 Meter) im Jahre 1770. Und ähnlich beiläufig geschah sieben Jahre später auch die Eroberung des Mont Vélan (3765 Meter) durch den Prior des St.-Bernhard-Hospizes, Joseph Lorenz Murith; der Gottesmann suchte Pflanzen, nicht Ruhm oder Unsterblichkeit.

Einer der ganz großen Wegbereiter des Alpinismus war Gletscher- und Bergforscher Horace-Bénédict de Saussure aus Genf. Saussure verliebte sich im zarten Alter von 19 Jahren in Chamonix in eine zeitlose Schönheit, in den Montblanc (4810 Meter), der damals noch Montagne Maudite (Verfluchter Berg) hieß. Zu Geld gekommen, versprach er demjenigen eine ansehnliche Summe, der eine Route zum Gipfel finden würde. Aber erst einmal vermochte die Verlockung schnell verdienten Geldes nichts gegen die verbreitete Furcht vor Dämonen und sündigen Seelen, die angeblich im ewigen Eis schmachteten. Erst ab 1775 fassten Einheimische Mut und einen Eispickel, um sich die Summe zu verdienen.

Es gab etliche kühne, aber lange Zeit keine erfolgreichen Versuche, bis schließlich am 8. August 1786 der Arzt Michel Gabriel Paccard und der ehemalige Hirte Jacques Balmat im fünften Anlauf den Montblanc-Gipfel erreichten.

Die Gipfelgestalt unter den Gipfelforschern

Fast genau ein Jahr später stand der Montblanc-besessene Horace-Bénédict de Saussure selbst mit Gehrock und Stulpenstiefeln auf dem Gipfel seiner Sehnsucht, eskortiert von einem Diener und 18 Helfern, die seine Forschungsausrüstung schleppten. Bergführer hatten zuvor mit Leitern und Stangen den Weg gesichert.

Auf dem Gipfel trieb Saussure stundenlang emsig Studien über die Bläue des Himmels, die Ausbreitung des Schalls und die eigene Pulsrate. In Chamonix beobachtete man sein Tun gebannt durch Fernrohre. Saussure machte den Gipfel und der Gipfel machte ihn berühmt.

Mit der Eroberung des höchsten Alpengipfels war auch der Mythos der Unbesteigbarkeit ins Wanken geraten. Für Österreich war es nun natürlich eine Prestige- und Herzensangelegenheit, ebenfalls den höchsten Landesgipfel zu stürmen. Am 28. Juli 1791 bestieg eine 62-köpfige Expeditionstruppe im Auftrage des Fürstbischofs von Gurk, Graf Franz Xaver von Salm-Reiffenscheid, den 3799 Meter hohen Hauptgipfel des Großglockner und errichtete am höchsten Punkt der Alpenmonarchie ein Kreuz und einen kleinen Sockel mit Messinstrumenten. Einem Dr. Joseph August Schultes, der zwei Jahre nach der Erstbesteigung begleitet von zwei Adeligen, einer Köchin und 15 Helfern an derselben Stelle stand, verdanken wir den wohlmeinenden Rat, man solle sich nie »ohne einen kleinen Vorrath von Liquor, gutem Wein und einigen Zubissen auf den Gipfel wagen«.

Gipfelsturm zum Ruhme Österreichs

Es hat etwas von Gratwanderung, den Zeitpunkt oder die Person exakt zu benennen, von denen aus der Alpinismus – das engagierte und teils manische Bestürmen von Gipfeln – seinen eigentlichen Anfang nahm. Wenn man sich trotzdem auf eine Person festlegen müsste, wäre dies wohl Erzherzog Johann von Österreich (1782–1859). Er war der Prinzipal der hartnäckigen, zylinderbehüteten Herren in den langschößigen Röcken und der prominenteste unter den Besessenen. Auf Johanns Befehl hin bestieg der Offizier Dr. Gebhard den Ortler (3899 Meter) und – etwas Wissenschaft gehörte schon noch immer dazu – maß exakt dessen Höhe. Das war natürlich Nebensache; eigentlicher Grund des Unternehmens: Dem Erzherzog war daran gelegen nachzuweisen, dass die höchsten österreichischen Gipfel an die berühmten Schweizer Berge heranreichten. Der Regent hat später selbst viele Touren unternommen, darunter etliche Erstbesteigungen. Im Jahre 1828 versuchte er sogar, den Großvenediger (3660 Meter) über die Nordwestflanke zu erobern, scheiterte aber 200 Meter unterhalb des Gipfels; er und seine 16 Mitkletterer kamen nur so gerade eben mit dem Leben davon.

Die knappe Niederlage ließ Johann nicht zur Ruhe kommen. Die Besteigung des Großvenedigers wurde zur »pinzgauerischen Nationalangelegenheit« Es dauerte allerdings noch 13 Jahre bis Ignaz von Kürsinger, Anton Ruthner und 22 Begleiter am 3. 9. 1841 dem »Hause Oesterreich« den prestigeträchtigen Sieg vermelden konnten. In den folgenden Jahren reihte sich Erstbesteigung an Erstbesteigung, wobei die Ostalpen anfangs intensiver beklettert wurden als die Westalpen.

Anders als Erzherzog Johann lässt sich Habsburgs letztem Kaiser Franz Josef (1830–1916) keine bedeutsame Pflegearbeit an Österreichs Bergheimat nachrühmen. Er hielt es mehr mit Aufmärschen und Habsburgs Gloria. Allerdings machte er seine geschätzte Freizeitkleidung, die Lederhose, endgültig populär und gewissermaßen hoffähig. In der »Ledernen« pflegte der Monarch Volksnähe zu demonstrieren. Auch ländliche Jagdkluft galt – nicht zuletzt dank Franz Josefs Vorlieben – alsbald als »fesch« oder »fashionable«. Wenn also heute zum Gesamt-Image der österreichischen Alpen Lederhose, Jäger-Jankerl und Gamsbarthut irgendwie dazugehören, hat das – nicht nur, aber auch – mit hochherrschaftlichen Vorlieben zu tun.

Kaiser Franz Josef in Jägertracht. Er machte das Bergbesteigen populär.

HAUS OESTERREICH LEBE HOCH.

All her Majesty's Heroes – die Briten gehen voran

Mitte des 19. Jahrhunderts seilte sich eine Nation an die Spitze der Gipfelstürmer, die zu Hause kaum etwas Alpines zu bieten hat: Die Briten kamen. Den Urknall ihrer Alpenmanie zündete wahrscheinlich ein gewisser Albert Smith, der in der Egyptian Hall in London 1852 vor ausverkauftem Haus seine Besteigung des Montblanc zelebrierte und mit seinem Würfelspiel, das vom Piccadilly Circus über allerlei Todesgefahren zur Bergesspitze führte, den »Weißen Berg« zum britischen Sehnsuchtsgipfel machte. Nach Albert Smiths professionell vermarkteter Eroberung war für die wagemutigen Söhne des Empire ein Alpengipfel anderen Leistungen durchaus ebenbürtig, etwa einer erfolgreichen Dschungelexpedition oder dem Erwerb militärischen Leichtmetalls am Band.

Die Gentlemen aus Great Britain bereiteten den Weg für eine Flut von Extremtouristen – und solche die es werden wollten. 1857 wurde in London der »Alpine Club« gegründet – eine exklusive Angelegenheit; weiß Gott nicht jeder Bergfreund fand Aufnahme. Wer zu den Erlauchten zählen wollte, musste mindestens einen Viertausender vorweisen können. Trotzdem: Schon im Jahr seiner Gründung zählte der Club 100 Mitglieder. Die Gipfelstürmer gewannen die Bewunderung der Öffentlichkeit.

Ziel war nun jeder attraktive, möglichst noch unberührte Gipfel. Alpinismus war nicht mehr auf die Alpen beschränkt, der Name galt im späten 19. Jahrhundert auch für Klettertaten in den Anden oder im Himalaja (Parallel-Wortbildungen wie »Andinismus« und »Himalajaismus« setzten sich nicht durch.)

Der Montblanc blieb, trotz weltweiter Verlockungen, lange erste Wahl für die Söhne Albions. Chamonix wurde praktisch zu einem britischen Basislager. Allein zwischen 1852 und 1857 erreichten die Kletterer von der Insel 60 Mal den reinweißen Gipfel. Und auch die Trophäe für die erste »führerlose« Besteigung (1855) fiel an die Briten: Die Brüder Smyth, Charles Hudson und Edward S. Kennedy wagten und gewannen; ihr Erlebnisbuch »Where there's a Will, there's a Way« wurde ein Publikumserfolg.

Links: Die Erstbesteigung des Großvenedigers am 3.9.1841 in einer zeitgenössischen Darstellung – mehr Huldigung an Austrias Gloria als Abbild der Wirklichkeit.

Ein Hauch von Kritik schwingt mit in Ernst Platz' Darstellung der total überbauten Zugspitze.

Fast vergessen – der Zugspitz-Bezwinger Naus

Unter den Eroberungen der frühen Jahre gab es auch damals schon stille, eher beiläufige. Joseph Naus' (1793–1871) Erstbesteigung des höchsten deutschen Berges, der Zugspitze, gehört in diese Kategorie. Der Vermessungsleutnant machte sich mit dem ortskundigen Führer Deuschl und seinem Burschen im August 1820 auf den Weg und erreichte im zweiten Versuch den Gipfel. »Mangel an Zeit und Material verhinderten uns, eine Pyramide zu errichten. Nur ein kurzer Bergstock mit einem rothen Sacktuch daran befestigt, diente zum Beweise, dass wir dagewesen. Nach fünf Minuten wurden wir schon von einem Donnerwetter, mit Schauer und Schneegestöber begleitet, begrüßt und mussten unter größter Gefahr die Höhe verlassen.« Naus profitierte ohne Frage von Deuschls richtiger Einschätzung der Wetterlage.

Den alsbald modern werdenden Verzicht auf ortskundige Führer (wohl gemerkt: in einer Zeit mit bescheidenem Ausrüstungsmaterial, wenig systematischer Wetterkunde und praktisch ohne Bergwacht) kann man kühn, sogar tollkühn nennen. Fast notwendigerweise forderte die neue Mode des Alleinganges etliche vermeidbare Todesopfer. Allerdings hatte es auch nicht an Spott gefehlt über die gar mutigen Herren, die tapfer ihrem Ruhm, vor allem aber den ortskundigen Trägern und Wegbereitern hinterherstapften. So schrieb der eher durch seine Erzählungen aus der neuen Welt bekannte James Fenimore Cooper schon 1830: »Beiläufig werde hier bemerkt, dass der hochverdiente Name der ‚Jungfrau' Gefahr läuft, verlorenzugehen; denn mehr als jemals scheint man jetzt zu beabsichtigen, die kalten und bisher unerreichten Gipfel derselben zu ersteigen. Mehrere Gesellschaften engländischer Naturliebhaber versuchten das Hinanklimmen, doch tun sie nicht vielmehr, als dahin zu folgen, wohin die Führer sie leiten; hinterher geben sie dann kostbare Bücher darüber heraus.«

Ein Bergheld muss tragisch sein

Schon damals war es so, dass das Volk das Drama mehr liebte als die bloße Tat. Der Bezwinger des Matterhorns, der Londoner Illustrator Edward Whymper (1840–1911), wurde nicht so sehr durch seine Zeichnungen und die Pioniertat an der weltbekannten Bergpyra-

Das Todesdrama um Edward Whympers Erstbesteigung des Matterhorns (Juli 1865) wurde vielfach gemalt und umdichtet.

mide berühmt, sondern durch den vielfach nachempfundenen Hauch des Todes, der den Mann lebenslang umwehte.

An dieser Stelle ein längeres Zitat, das von der Nachwelt für klassisch erklärt wurde: Whympers Schilderung der tödlichen Wendung unterm Matterhorn-Gipfel, gewissermaßen die Urschrift der »Schicksal/Berg-Prosa«:

»Mit Gewissheit kann ich nicht sprechen, weil ich die beiden Vordersten wegen einer dazwischenliegenden Felsmasse zum Teil nicht sehen konnte, aber aus den Bewegungen ihrer Schultern musste ich schließen, dass Croz [...] sich umdrehen wollte, um einen oder zwei Schritte weiterzugehen, als Herr Hadow ausglitt, gegen ihn fiel und ihn umwarf. Ich hörte von Croz einen Ausruf des Schreckens und sah ihn und Hadow niederwärts fliegen. Im nächsten Moment wurden Hudson und unmittelbar darauf auch Lord Douglas die Füße unter dem Leibe weggerissen. Dies alles war das Werk eines Augenblicks. Sowie wir Croz aufschreien hörten, pflanzten der alte Peter und ich uns so fest auf, als das Gestein uns gestattete. Das Seil war zwischen uns straff angezogen, und der Ruck traf uns, als wenn wir bloß einer wären. Wir erhielten uns, aber zwischen Taugwalder und Lord Douglas riss das Seil. Einige Sekunden lang sahen wir unsere unglücklichen Gefährten auf den Rücken niedergleiten und mit ausgestreckten Händen nach einem Halt suchen. Noch unverletzt kamen sie uns aus dem Gesicht, verschwanden einer nach dem andern und stürzten von Felswand zu Felswand auf den Matterhorn-Gletscher oder in eine Tiefe von beinahe viertausend Fuß hinunter. Von dem Augenblicke, wo das Seil riss, war ihnen nicht mehr zu helfen. So starben unsere Gefährten! Wohl eine halbe Stunde lang blieben wir an Ort und Stelle, ohne einen einzigen Schritt zu tun. Die beiden Führer, vom Schreck gelähmt, weinten wie Kinder [...]. Zum Sprechen zu niedergeschlagen, nahmen wir stillschweigend unsere Sachen und die kleinen Effekten der Verschwundenen auf, um unsern Rückweg fortzusetzen. Da zeigte sich ein mächtiger Regenbogen, der über dem Lyskamm hoch in die Luft aufstieg. Bleich, farblos und geräuschlos [...] schien diese überirdische Erscheinung ein Bote aus einer andern Welt zu sein. Wir erschraken fast, als zu beiden Seiten zwei ungeheure Kreuze hervortraten, deren allmähliche Entwicklung wir mit Staunen beobachteten. [...] Es war ein furchtbarer und wunderbarer Anblick, den ich noch nie gehabt hatte und der in einem solchen Moment etwas Erschütterndes hatte.« Soweit Whymper, der Stammvater des literarischen Berghochamtes.

Abstürzende Metaphern

Weil ab etwa 1880 die lohnenswerten Erstbesteigungen mangels unberührter Gipfel knapp wurden, behalf man sich mit Spezialisierungen: Wintererstbesteigungen, Frauenbergsteigen, Direttissima, Alleingänge, ausgesucht schwierige Routen. Und das »Steigen ohne Führer«, war im späten 19. Jahrhundert keine bedenkliche Marotte mehr, sondern selbstverständlich für all die, die in steilen Wänden ihre Selbstüberhöhung suchten.

Diese »führerlosen« Berghelden frönten bisweilen einem Pathos, das, nach heutigem Empfinden, wie freier Fall in die Hirnlosigkeit anmutet. Guido Lammer, eine zeitgenössische Übergröße am Berg, schrieb nach einem knapp überlebten Sturz aus der Matterhorn-Westwand 1887: »Ich habe den grausigen Flug mit klaren Sinnen getan und kann euch künden, Freunde: Es ist ein schöner Tod.« Der bergsüchtige Geologe, Paläontologe und Maler

Das »Memento Mori« von Ernst Platz begründete 1893 eine große Bergmalerkarriere. Damals fand man die Darstellung ergreifend.

Hermann von Barth tremolierte: »Wer mit mir geht, der sei zu sterben bereit […].« Ein gewisser Guido Rey (1861–1935) sah Bergsteigen als überragende Kulturleistung: »Der Kampf mit dem Berg ist so nützlich wie die Arbeit, so edel wie die Kunst, so schön wie der Glaube.« Der Dichter Oskar Erich Meyer frömmelte in seinem »Buch der Andacht«: »Nimm den Berg und mach' ihn zum Mittelpunkt des Alls. Dann ordnen sich die Dinge im Glanze seines Lichts. Die Tiefen der Erde tun sich auf, und die Himmel öffnen sich dem Beter vor dem Berg […].« Und immer wieder (abermals O-Ton Otto Ernst Meyer) Todessehnsucht; die von den Schlachtfeldern abgewehte Ideologie des Heldentodes wurde um neunzig Grad in die Senkrechte gehoben: »Lieber am Weg zu den Höhen sterben als drunten im Staub der breiten Straße […].« Und auch der Brite Robert Lock Graham Irving tutet in dieses schräge Horn – ein Drittel Kavallerie-Signaltrompete, ein Drittel Posaune des Jüngsten Gerichtes, ein Drittel Alphorn: »Ein Bergsteiger ist gefallen. Lasst morgen hundert andere an seiner Stelle auferstehen!«

Zu einer Art Kitsch-Orgasmus mit einer Nietzsche'schen Übermensch-Erektion stimulierte sich ein gewisser Hermann Freiherr von Barth-Harmating (1845–1876), von Haus aus Jurist. Anseilen und gut festhalten, geneigter Leser: »Baue der Felsturm in den Himmel sich hinein – kleide er sich in starrenden Schrofenharnisch oder in blanke Plattenrüstung – es *gibt* einen Tritt von Eisen, der ihn zu zwingen weiß! Hülle er sich in Nebel und Nacht – ein Auge blickt, das auch in wettergrauer Finsternis ihn zu erspähen, an seiner schwachen Seite ihn zu fassen versteht, auf seinem Scheitel an geisterhaften Aussichtsbildern sich ergötzt! Rase der Sturm mit zehnfacher Gewalt, ich schleudere ihm frevelmütig meine gellenden Jauchzer entgegen! Im Kampfe mit dem entfesselten Element bin ich der Stärkere – und bin allein!«

Spätestens hier muss eine ehrenrettende Bemerkung zum zeitgenössischen Alpinismus fallen. Die Verlockung zu Rekorden am Berg (Achttausender ohne Sauerstoff, Freihandklettern an eigentlich unbekletterbaren Wänden, »lean going«) hat zwar kaum von ihrer Suggestivkraft eingebüßt. Aber der Tod am Berg gilt heute nicht mehr als Krönung einer heroischen Karriere, sondern eindeutig als Unglücksfall, der mit allen technischen, sportlichen und verstandeskontrollierten Mitteln vermieden werden muss. Dem Credo des bekanntesten europäischen Bergsteigers der Gegenwart, Bergsteigermut erweise sich an der Frage, ob einer rechtzeitig abbrechen könne – so Reinhold Messner in etlichen seiner Bücher –, wird heute kaum noch jemand offen widersprechen. Was nicht heißt, dass spektakulärem Wahnsinn heute Tür und Tor verschlossen wäre. Doch davon handeln andere Bücher.

Als Outfit noch Ausrüstung hieß

Mit Seil und Haken, den Tod im Nacken hängen wir in der steilen Wand […]« heißt es frischfromm in einem Wandervogellied, das den Titel »Bergvagabunden« trägt. Wie unmittelbar einem der Tod im Nacken hing, das hing nicht unwesentlich von der Qualität der Ausrüstung ab – und der Bergkleidung nicht zu vergessen! Die Geschichte der Kletterei ist zu einem erheblichen Teil auch Materialgeschichte. Die ersten Steigeisen aus Bronze banden sich Bergler in den Alpen bereits um 400 v. Chr. an die Füße.

Doch die Anfänge der heutigen Ausrüstungstechnologie liegen gar nicht mal in den Alpen selbst, sondern weit nördlich davon. Olaus Magnus, ein geistlicher Herr aus Schweden, ließ Mitte des 16. Jahrhunderts Holzschnitte von den Bergausrüstungsgegenständen anfertigen, die damals in Schweden üblich waren: eine Art Holzschuh mit Eisenzacken und Riemen, brettförmige Gleiter aus geglättetem Eisen und Schneereifen mit Stacheln rundum. Sogar für Pferde fertigte man Entsprechendes an. Doch solche Gegenstände gab es lange nur als Spezialanfertigungen. Bevor der große Run in die Berge begann, musste grundsätzlich jeder, der hoch hinaus wollte, selbst ausprobieren, was sein Vorhaben erleichterte. Und genau da bezeugen zeitgenössische Bilder eine rührend komische Unbedarftheit. Der Theologie-Professor Peter Karl Thurwieser (1789–1865) zum Beispiel hat belegtermaßen in Schwalbenschwanz und Zylinder die Ortlerhöhe erklommen, woselbst er zunächst Barometer und Thermometer aufhängte und die Werte ablas, ehe sein »Blick […] über die mächtigen Kolosse weg[streifte], in fast unbegrenzte Räume […].«

Damals sprach man übrigens nicht von Ausrüstung, sondern von »Equipierung«. Man französelte in dem Maße wie man heute Denglisch spricht (Outdoor, Outfit, tools).

Ein Experte beklagte um 1863, dass man leider im Gebirge vor Ort nichts Passendes kaufen könne: Es sei zwar richtig, »dass man in den Alpenorten vortreffliche Schuhe für Holzknechte oder Jäger [bekäme], aber nie und nimmermehr für den zarteste Bekleidung heischenden Fuß von Städtern und Flachländern«.

Mit Seife und Gardinen

Geheimtipps wurden herumgereicht, etwa welche Schuhe sich am besten eigneten. Zum Bergsteigen wurden Bundschuhe empfohlen, die ein Schuhmacher in London für Mitglieder des Alpine Club lieferte; sie mussten an den Fersen und Zehen mit spitzen Nägeln besetzt sein und unter der Sohle mit »Mausköpfen«. Und die Sockeninnenseiten sollte man mit Seife einreiben – vermutlich als Schutz gegen Blasen. Einige schützten sich bei Gletschertouren mit Sonnenschutzschleiern, andere lehnten die Flattergardinen als zu unbequem ab und besorgten sich etwas, das offenbar der Vorläufer der Sonnenbrille war: Rauchgläser der Machart »London smokes«. Man diskutierte heftig darüber, ob Alpenstöcke oder die wuchtigen Eisbeile das bessere Gerät zum Bergsteigen seien. Seile dagegen waren in den Anfangsjahrzehnten des Alpinismus noch erstaunlich wenig in Gebrauch.

Der große Edward Whymper allerdings sprach sich eindringlich für den Einsatz von Seilen aus und er tat es mit einer Prise britischen Humors: »Nun zu dem Gebrauch des Seils. Es gibt eine richtige und eine falsche Benutzung desselben. In Gletscherpässen begegne ich häufig elegant gekleideten Personen, die offenbar nicht in ihrem Element sind, und denen ein Führer vorausgeht, der sich um sein unschuldiges Gefolge nicht kümmert. Der Form wegen sind sie aneinandergebunden, haben aber augenscheinlich keine Idee, weshalb das geschieht, denn sie gehen neben oder dicht hintereinander und lassen das Seil auf dem Schnee schleppen. Fällt einer in eine Spalte, so sehen die andern sich an und sagen: ›Nun, was macht denn Schulze da?‹, bis sie vielleicht alle hinterherfallen. Das ist die falsche Benutzung, der Missbrauch des Seils.«

Das Seil der Seile sollte nicht etwa aus Hanf sein, sondern vorzugsweise aus Rohseide. Die Seidenseile erstklassiger Qualität wurden zum Beispiel von »R. Tümmel, Poststraße 5 in Leipzig« angeboten, »leicht und äußerst widerstandsfähig in jeder Länge und Dicke«.

Schuhpflege war schon fast eine Geheimwissenschaft; eine Methode bestand darin, die Bergtreter in ungekochtem Leinöl oder in einer Leinöl-Rizinus-öl-Mischung (Verhältnis 1:3) zu tränken. Die Stiefelsohlen sollte man alle drei Wochen mit Terpentinöl einreiben.

Nicht minder hingebungsvoll hatte sich der Bergfex dem Stoff zuzuwenden, mit dem er unter den Berghimmel treten wollte. Fürs Imprägnieren von Lodenmänteln zum Beispiel galt folgende Rezeptur: 500 Gramm Alaun und 500 Gramm Bleizucker in heißem Wasser lösen,

»Nur Mut!«, ist diese Zeichnung von Ernst Platz betitelt.

die entstehende »essigsaure Thonerde« mit 50 Gramm Hausenblase mischen, das Ganze verdünnen und die Mäntel hineintauchen (Hausenblase hieß die getrocknete Schwimmblase bestimmter Fische, die unter anderem zum Imprägnieren von Stoffen verwendet wurde). Die leichteren Nachfolger der schweren Lodenmäntel waren Chesterfieldmäntel, die nach dem Rezept Kautschuk-auf-Baumwolle gearbeitet waren.

Auch dem Problem gefährlicher Sonnenbrände versuchte man schon früh zu begegnen: Als probates Mittel gegen Gletscherbrand galt eine Salbe aus Glyzerinöl, Mandelöl, weichem Wachs und Walrat (eine ölartige Substanz aus dem Kopf des Pottwals) – stets dick aufzutragen. Als Antibeschlagmittel für Gletscherbrillen nahm man Schmierseife, Glycerin oder Seifenwasser.

Der optimal ausgerüstete Bergsteiger trug Ende des 19. Jahrhunderts Fußgamaschen, Schneestrümpfe aus nicht entölter Schafwolle oder Ziegenhaar, er kochte seine Verpflegung auf einem Gerät, das mit Spiritusdämpfen betrieben wurde, hatte einen Weinbehälter aus Hartgummi mit Filzüberzug bei sich, trug Schneebrillen mit Samträndern und informierte sich in Fachzeitschriften, die es auch damals schon gab. Die Ausrüstung war im Vergleich zu unseren heutigen ausgefeilten Fleece-Kleidungsstücken im Wortsinne beschwerlich.

Kälte – der Feind

Zeitgenössischer Expertenrat von Johann Jakob Scheuchzer in seiner Schrift »Über die Kälte, welche den Bergreisenden beschwer- und schädlich ist«: »Wer in solchen Bergreisen, oder sonst kalter Luft, seinen eigenen oder anderer Gefährten Leib gesund erhalten will, der muß vor allem dahin bedacht sein, dass er um den Leib her seine ausdämpfende Wärme behalte, damit sie nicht zerfliege, und zu dem Ende alle Glieder des Leibs mit dicken Kleidern und Pelzwerk wohl verwahren, insbesondere die Brust mit Papier und Pergament oder Leder einfassen [...]. Und es berichtet Hornius Arca [...], dass [es] den Reisenden gut [sei], wenn sie in grimmiger Kälte das männliche Glied in vielfaches Papier einwickeln, und also vor der Erfrierung, welche dort mehrmalen anfangen soll, bewahren.«

Die Entwicklung von Haken, Klettereisen und Kunstfaserseilen führt unmittelbar und tief in den Bereich der Spezialwissenschaft, den wir hier nicht ausloten können. Nur so viel: In dem Maße wie das Gerät leichter und zuverlässiger wurde, konnte aus einer höchst riskanten Rackerei am Berg ein Sport werden, der immer noch gefährlich ist, aber wohl nicht mehr unverantwortlich.

Frauen auf dem Weg nach oben

Einerlei, ob man die Frage untersucht, wie die Frau aufs Pferd, aufs Fahrrad oder ans Seil kam, immer stößt man an eine Schamgrenze, die aus heutiger Sicht einigermaßen komisch wirkt: Wie verträgt sich funktionale Kleidung mit Schicklichkeit? (Die Frage ist übrigens nicht aus der Welt; muslimische Fundamentalisten halten es auch dieser Tage noch für unerträglich, dass arabische Läuferinnen kurzbehost an den Start gehen.)

Und anfangs schien es auch so, als ob Bergsteiger-Ambitionen für Frauen nicht zuletzt am Rocksaum scheitern müssten. »Die erste teutsche Frau zu Chamouni und bey dem Eis«, Sophie La Roche, wählte 1784 einen für damalige Verhältnisse frappanten Ausweg. Die Sportsfreundin ließ sich auf einer Art Stuhl von »starken muntren Savoyarden« zu einem Gletscher des Montblanc hinaufschleppen: »[…] Um 6 Uhr setzte ich mich in den kleinen hölzernen Lehnstuhl […] Die sechs Leute wechselten im Tragen ab und gingen so leichten Schrittes wie die übrigen […] Je höher wir stiegen, je mehr jammerten mich meine Träger, und meine Brust litt mit ihnen, wenn ich sie keuchen hörte. […] Ich war einer Ohnmacht nahe, und nur durch die Idee bei Sinnen geblieben: Wenn du ohnmächtig wirst, so stürzest du ohne Hilfe aus dem Stuhl. […] Endlich kamen wir nach einer Wendung zwischen großen, mit schönem Moos und kleinen Blümchen bedeckten Steinen auf die Höhe, hatten den mit ewigem Eis bedeckten Mont Blanc vor uns. […] Einige Schritte weiter zu unsern Füßen das Eismeer […] wirklich in Gestalt hoher Wellen, die sich aus der Höhe herabwälzen, und Granitblöcke mit sich führen, die so groß wie mein halbes Zimmer sind. Zwischen ihnen Pyramiden von glänzendem Eis, wie von Kristall.«

Marie Paradis, eine Frau aus Chamonix, wurde am 14. Juli 1808 mehr auf den Montblanc hinaufgezerrt, als dass sie aus eigener Kraft hinaufstieg. Der Motor für die Unternehmung waren einige ortsansässige Bergführer, die nach einem Knalleffekt suchten, einer wirksamen Werbeaktion.

Und die Aktion zeigte prompt Wirkung: 1810 kam sogar Ex-Kaiserin Josephine Beauharnais mit einem Gefolge aus 68 Führern, Trägern und höfischen Begleitern und ließ sich, nach Besichtigung des Gletschers, ein Stück weit auf das Eis tragen. Als Andenken an ihren Besuch nahm sie Kühe und Melker aus Chamonix mit nach Paris.

Mizzi Langers alljährlicher Wintersport-Katalog – hier die Ausgabe von 1912 – war lange das Maß der Dinge, wenn es um berggerechte und modische alpine Bekleidung ging.

Das Problem mit dem Rock

Andere Frauen zeigten mehr Eigenantrieb: Henriette d'Angeville bestieg als zweite Frau den Montblanc 1838 mit eigener Muskelkraft. Eine zeitgenössische Illustration hält die kleine Ungeheuerlichkeit fest: Die Bergführer heben die siegreiche Lady mit Schutenhut, wallendem Kleid und geschnürter Taille noch eine Körperlänge über die Gipfelhöhe empor.

1871 bestieg Lucy Walker als erste Frau das Matterhorn – nur sechs Jahre nach der Erstbesteigung. Und das unter denkbar erschwerten Bedingungen: Die tatendurstige Dame trug einen mit Schleiern festgebundenen Hut und ein – wie damals üblich – knöchellanges Kleid. Lucy Walker war Pionierin aber keine Einzelerscheinung mehr; andere Britinnen wie Mrs. Hamilton, Anne und Ellen Pigeon und Mary Isabella Straton bezwangen ebenfalls Konvention und Höhe. Und mit den Jahren durften auch die Frauen das, was sie konnten: 1896 bestieg Rose Friedmann aus Wien ohne Bergführer, aber mit dem erfahrenen Kletterer Albrecht von Kraft die Watzmann-Ostwand. Und 12 Jahre später bezwang die 50-jährige Lateinlehrerin Annie S. Peck aus Rhode Island als Erste den Huascarán (6768 Meter) in Peru.

Henriette d'Angeville, die zweite Frau auf dem Montblanc: fast vom Winde verweht.

Zwar standen Frauen in den Bergen durchaus ihren Mann, durften es um die Jahrhundertwende sogar wagen, ihre Röcke gegen Hosen einzutauschen, ernteten von männlichen Kollegen durchaus Bewunderung, wurden deshalb aber noch lange nicht in den elitären »Alpine Club« aufgenommen. In englischen Alpine Clubs konnten Frauen bis 1975 keine Mitgliedschaft erlangen, aus Schweizer Bergclubs waren sie sogar bis 1978 ausgeschlossen! Was dazu führte, dass die Frauen ihre eigenen Vereine

Die berühmte Cenzi von Ficker (1878–1956) krempelte das Bild von der Frau am Berg gründlich um.

gründeten: in London 1907 den Ladies' Alpine Club, in der Schweiz 1918 den Schweizerischen Frauen-Alpenclub in Lausanne.

Ob nun clubfähig oder nicht: Die Geschäftswelt hatte gegen bergsteigende Damen durchaus nichts einzuwenden, konnte man sie doch wiederum mit frauenspezifischen Ausrüstungsgegenständen versorgen. Zur Münchner »Ausstellung alpiner Ausrüstungsgegenstände« heißt es: »Hervorheben wollen wir die sehr practische Combination eines mässig großen Portemonnaies mit Nähzeug und Reiseapotheke, ein wirkliches Universalstück, und die Taschenapotheke für Damen.«

Die richtige Bergbekleidung für Damen blieb, wie nicht anders zu erwarten, ein Kapitel für sich. Schicklich und gleichzeitig praktisch musste sie sein. In der Schweiz hatten Orkanböen in den Bergen die weiten Röcke von Bergsteigerinnen wie Fallschirme aufgeblasen und die Damen in ernste Bedrängnis gebracht. Die Britin Lucy Walker war denn auch so frei, ihren Reifrock hinter sich zu lassen und im roten Flanell das letzte Stück zum Gipfel zu bewältigen, als sie 1871 auf das Matterhorn stieg. Ein erfahrener Bergsteiger empfahl Lodenröcke, die sich bei Bedarf raffen ließen, darunter sittsame Pumphosen. Außerdem wurde im Gebirge von einschnürenden Strumpfbändern abgeraten. Stattdessen sollte frau lieber ein Korsett mit Strumpfhaltern tragen.

Frauen am Berg wurden bald allenthalben verehrt – vorausgesetzt, sie gaben nicht nur ein schickliches, sondern auch ansehnliches Bild ab. Ein Ratgeber in Sachen Bekleidung am Berg riet den Damen Ende des 19. Jahrhunderts, sie mögen doch auf gepflegtes Äußeres auch und gerade am Berg achten. Und weil der weibliche Wunsch, eine gute Figur zu machen, eine sichere Bank ist, wurde Mizzi Langers Sportkatalog ein Dauerbrenner. Sie war Inhaberin eines »Spezialgeschäftes in Ausrüstung und Bekleidung für Turistik, Ski- und Rodel, Sport, Jagd etc.« in Wien, das erste Haus für die Dame von (Berg)Welt.

Ein Berg als Geschenk

Österreich hatte in Cenzi von Ficker (1878–1956) eine Bergsteigerinnengestalt, die sich keineswegs hinter den pionierhaften Britinnen und Amerikanerinnen verstecken musste. Sie wurde auf persönliche Einladung Mitglied des österreichischen Alpenvereins; eine Ehre zweifellos, denn die Österreicher nahmen Anfang des 20. Jahrhunderts nur hervorragende Bergsteiger-Persönlichkeiten auf.

Im Jahre 1903 wurde Cenzi sogar eingeladen, an einer Kaukasus-Expedition teilzunehmen.

Ziel der Expedition war die Besteigung des Uschba – von den Einheimischen schaudernd »der Fürchterliche« genannt; als Zugabe hatte man einige angrenzende Gipfel auf der Liste.

Cenzi von Ficker erreichte den Gipfel zwar nicht, erwarb sich aber trotzdem großen Ruhm und vor allem die Bewunderung des dortigen Fürsten Bekerbi Dedaschkeliani: Bei einem verletzten Teilnehmer, der ins Seil gestürzt war, hatte sie 17 Stunden lang in der Westwand des Uschba durchgehalten, bis Rettung kam. Der Fürst war so hingerissen von der Leistung dieser Frau, dass er ihr ein paar Mädchen eigens zu ihrer Bedienung schickte; man behandelte sie wie ein Naturwunder. Als Höhepunkt eines Hoffestes schließlich machte der Fürst Cenzi den Uschba symbolisch zum Geschenk, feierlich samt Schenkungsurkunde. Cenzi wurde fortan allenthalben nur noch als das »Uschbamädel« gefeiert.

Es gibt ein rührendes Nachspiel zu der Szene. Als 1945 die Russen in Wien einzogen, kam überraschend ein Gast zur damals 67-jährigen Cenzi von Ficker. Ein Sowjetoffizier mit Dolmetscher trat ein und stellte sich verlegen als Enkel jenes swanetischen Fürsten vor, der vor mehr als einem halben Menschenleben der österreichischen Bergsteigerin einen Berg vermacht hatte. »Er stehe also nun vor der Frau, ließ er übersetzen, die bis auf den heutigen Tag in seiner Heimat als Legende lebe. Kaum jemand wisse dort, dass es sie wirklich aus Fleisch und Blut gebe. Er könnte nun zu Hause erzählen, dass er der Königin des Uschba Aug' in Aug' gegenüber gestanden hätte.«

Heute gibt es Bergsteigerinnen, die keinen Frauenbonus brauchen, um sich unter die absolute Weltspitze der Himmelsstürmer einzureihen. Lynn Hill zum Beispiel, die 1994 den berüchtigten El Capitan im Yosemite-Nationalpark als Erste und bislang Einzige ohne Hilfsmittel durchstiegen hat, kann die Männer an einer Hand abzählen, die mit ihr mithalten können. Und wenn es einen Bergsteigerhimmel gibt, werden die Damen Ficker, Walker, Friedmann und Co. darauf mit Enzianschnaps anstoßen. Der nackte Fels ist nicht mehr fest in Männerhand!

Garmisch-Partenkirchen - Bahnhofhotel.

Der Berg rief und viele kamen – Alpentourismus

Die Chronisten des Alpentourismus sind sich einig: Am Anfang der Alpenbegeisterung stand ein Gedicht. Der 23-jährige Arzt, Botaniker und Poet Albrecht Haller, setzte 1732 ein langes Poem »Die Alpen« in die Welt. Verse, die viele Menschen verlockten, selbst einmal nachzuschauen. Das taten über die Jahre immer mehr, sodass aus Pässen schließlich Engpässe wurden.

Als Berge magnetisch wurden

Die Alpen waren und sind vielerlei: Wetterscheide, Kulturbarriere, Hindernis. Sie standen keineswegs immer gleichbedeutend im Bewusstsein der Menschen. Über viele Jahrhunderte, wenn nicht Jahrtausende, galten sie als grobe Gemeinheit, als mörderisches Hindernis für alle, denen der große Steinriegel den Weg versperrte – einen Weg, den man in der Regel nur unter Zwang auf sich nahm. Und entsprechend eindeutig und einschlägig fielen die Reisebeschreibungen aus, von »eisiger Hölle« bis »Strafgericht Gottes«. Verständlicherweise, denn auch wer – um ein Parallelbeispiel zu nennen – unter der Todesdrohung von Durst und Hitze die Wüste durchquert, hat wenig Sinn für genial modellierte Sanddünen oder Sonnenaufgänge über der Unendlichkeit.

Und so betrachtet, nimmt es nicht wunder, dass der Imagewandel der Alpen von höllisch auf himmlisch ganz erheblich mit der Verbesserung des Wegenetzes und dem, was man heute »Infrastruktur« nennt, zu tun hatte. Wer weiß, dass am Ende des Aufstiegs eine beheizte Hütte und eine warme Suppe auf ihn wartet, hat einen unverkrampfteren Blick auf schroffe Grate und dramatische Steilwände.

Soweit die materielle Grundlage für gewandelte Landschafts-Ästhetik nach dem Leitmotto: Nur was man nicht mehr allzu sehr fürchten muss, kann man schön finden. Aber wer waren die Pioniere dieser Umdeutung?

In Wolf Schneiders und Guido Mangolds immer noch wegweisendem Buch »Die Alpen« (1989) finden sich Hinweise auf »Trendsetter«, die den großen Durst auf Gletscherwasser, Gipfelschnee und Bilderflut angefacht haben.

Gewissermaßen den Urknall der Alpenschwärmerei verursachte 1732 ein 23-jähriger Arzt, Botaniker und Dichter aus Bern, Albrecht von Haller. Sein Lehrgedicht »Die Alpen« war im Wortsinne revolutionär, umwälzend, was größere literarische Kapazitäten wie Goethe und Rousseau allein dadurch bezeugten, dass sie Hallers Kerngedanken aufnahmen und kräftiger in Worte setzten.

Der junge Haller behauptete – damals noch gänzlich gegen den Trend –, die Berge seien nicht abschreckend, sondern herrlich. Und die Einwohner dieser Landschaft, wie er sie auf seinen Wanderungen 1728 in den Schweizer Bergen wahrgenommen hatte, erschienen ihm als wunderbar unverfälschte, sittsame Prachtmenschen, sozusagen als die Gegenbilder der verderbten Städter. Wenn man so will, entdeckte Haller den »edlen Wilden« im Bauern und Hirten des Berner Oberlandes, bevor ihn Rousseau in entlegenen Wildnissen herauffantasierte.

Dass Haller das harte Leben der Bergler bisweilen zu einer Guckkasten-Idylle machte (»Der sorglose Tag wird freudig durchgescherzt«) und sich die Bergnatur meist sanftwellig schön fönte, schmälerte seine Wirkung nicht. Eher im Gegenteil. Seine Begeisterung für die unverfälschte Welt der Berge wurde von der »besseren Gesellschaft« begierig aufgenommen.

Albrecht von Haller, Botaniker, Mediziner und einer der ersten Alpen-Dichter; das Portrait entstand 1750.

Ein Berggedicht geht um die Welt

Hallers Langgedicht erschien in fast allen europäischen Sprachen. Und weil die Orte seiner Hymnen, das Berner Oberland und die beiden Grindelwald-Gletscher, verhältnismäßig leicht zu erreichen waren, kamen hierher zunächst einige Vorläufer und später angelockt durch deren begeisterte Schilderungen immer mehr, die dieses Neuland des Staunens sehen wollten.

Ein zweiter Lobsänger der Alpennatur ist ungleich berühmter: Jean-Jacques Rousseau (1712–1778). Philosophisch tiefer gegründet als Haller war er überzeugt, dass die Zivilisation den Menschen verdirbt, wohingegen ihn die Natur heilen kann. Die Natur im Allgemeinen und die Berge im Besonderen waren für ihn die Weidegründe edler, fühlender Seelen. Die Empfindungen seiner Titelheldin aus seinem ersten Roman »Julie ou la Nouvelle Héloïse«, veröffentlicht 1761, korrespondieren mit der Landschaft und den Bergen um den Genfer See. Das Werk wurde zu einem der größten Literaturerfolge des 18. Jahrhunderts.

Reihenweise machten sich begeisterte Leser auf den Weg, um mit Rousseaus Roman in der

Das Schloss von Chilon am Genfer See, wie William Turner es 1836 sah.

Tasche diese Landschaft kennen zu lernen und am Originalschauplatz die Original-Gefühle nachzuempfinden. Besonders Engländer strömten in Heerscharen an den Genfer See und wandelten Ende des 18. und Anfang des 19. Jahrhunderts auf Rousseaus Spuren.

Der eine oder andere mokierte sich allerdings auch über das Gefühlsgewaber, das in Rousseaus Kielwasser (Spruch-)Blasen schlug. Der Historiker Justus Möser schrieb z.B. an einen gewissen Thomas Abbt: »Sollten Sie [...] dort am Fuße der Alpen eine Julie oder Sophie finden, so lassen Sie sich von ihnen einen Salat mit den Finger umkehren und verwahren mir davon ein recht grünes Blättchen.«

Während Petrarca rund 500 Jahre zuvor noch in Konflikte geraten war, weil er die Natur bestaunt hatte, statt sich ausschließlich Gott zuzuwenden (»Augenlust« galt damals als Laster, das von der Gottsuche ablenkt), empfand man die Schönheit der Natur jetzt als etwas, das die Seele für das Höchste öffnete. Also nicht mehr »Gott statt Natur«, sondern »Gott durch Natur«! Die neue Empfindsamkeit für das Naturschöne führte dazu, dass Reisen keinen Dienstgrund (Pilgerfahrt, militärische Zwecke, Handelsreise) mehr brauchten, sondern durchaus auch zur Erholung und zur Erweiterung des geistigen Horizonts angetreten wurden. Reisen waren vor der Zeit des modernen Pauschaltourismus schon deshalb eher und mehr Bildungsreisen als dieser Tage, weil nur die gebildeten und meist wohlhabenderen Stände Mittel und Zeit hatten, sich von zu Hause fort zu begeben.

Goethe und die Alpenlandschaft

Rousseau hatte auch nachhaltige Wirkung auf einen der hingebungsvollsten Reisenden, Johann Wolfgang von Goethe. Rund 14 Jahre seines Lebens reiste Goethe in der Weltgeschichte umher und hat dabei 40 000 Kilometer zurückgelegt. Auf seiner zweiten Reise in die Schweiz 1779 konnte er sich »der Tränen nicht enthalten, wenn ich nach Meillerie hinü-

ber sah und den Dent de Jaman und die ganzen Plätze vor mir hatte, die der ewig einsame Rousseau mit empfindenden Wesen bevölkerte.«
Und Goethes Reisenotizen vom Gotthardpass im Notizbuchstil: »Aufwärts, allmächtig schröcklich Geschten [Göschenen]. Gezeichnet. Noth und Müh und Schweis. Teufelsbrücke und der Teufel. Schwizen und Matten und Sincken bis ans Urner Loch hinaus und Belebung im Thal. An der Matte [Andermatt] trefflicher Käs, ab 35 Minuten auf 5 [16 Uhr 25]. Schnee nackter Fels u. Moos u. Sturmwind u. Wolken das Gerausch des Wasserfalls der Saumrosse Klingeln. Öde wie im Thal des Todes.«
Im Jahr 1779 tauchte der Dichter auch am Montblanc auf, nicht ohne zuvor bei Professor Horace-Bénédict de Saussure in Genf nachgefragt zu haben, ob man sich auch im Spätherbst in die »Eisberge Savoyens« wagen könne. Er wagte: »Wir kamen dem Tale Chamonix näher und endlich darein. Nur die großen Massen waren uns sichtbar. Die Sterne gingen nacheinander auf, und wir bemerkten über den Gipfeln der Berge, rechts von uns, ein Licht, das wir nicht erklären konnten. Hell, ohne Glanz wie die Milchstraße, doch dichter, fast wie Plejaden, nur größer, unterhielt es lange unsere Aufmerksamkeit, bis es endlich wie eine Pyramide, von einem geheimnisvollen Licht durchzogen, das dem Schein eines Johanniswurms am besten verglichen werden kann, über den Gipfeln aller Berge hervorragte und gewiss machte, daß es der Gipfel des Montblanc war. […] Man hatte Müh', in Gedanken seine Wurzeln wieder an die Erde zu befestigen.«
In den 80er Jahren des 18. Jahrhunderts wuchs sich der Besucherandrang in Chamonix allmählich zum Strom aus. Die Schweiz war das meistbesuchte Reiseland Europas geworden und eines der wichtigsten Reiseziele waren die Gletscher. Vereinzelt hörte man auch schon Stimmen, dass die allzu zahlreichen Reisenden lästig würden.
Die Besucher aus aller Welt – die größten Kontingente stellten die Briten – suchten die Bilder, die ihnen in Romanen und Journalen vorgestellt worden waren. Wildromantische oder idyllische Szenen, zerstäubende Wasserfälle, schaurig-schöne Klammen, Gipfel, die wie Säulen einen blauen Himmel tragen, Gletscher, so gruselig wie möglich. Ge- und besucht wurde aber auch gerne und immer wieder der »bessere, der wahre Mensch«, der Gebirgler. All das musste natürlich bei damals auch schon begrenztem Zeit- und Geldbudget (die Einheimischen lernten aber überall schnell, wo, wann und wie tief man Gästen in die Taschen greifen konnte) bewältigt werden. Und woher sollte der Reisende wissen, wo das Wundern aufhörte und der Wucher anfing? Die Erfindung des Reiseführers und schriftlichen Ratgebers lag in der Alpenluft.

Sie rangen nach Worten in dünner Luft

*S**ophie La Roche**, »die erste teutsche Frau zu Chamouni und bey dem Eis«, 1784: »Man lernt an Allmacht glauben, wenn man hier steht und die Felsen sieht. Wie klein, wie niedrig scheint aller Stolz der Welt, alles, wovon wir eine große Idee hatten.«*

***Fürst Hermann von Pückler-Muskau**, 1808: »Erhaben und einzig war der Anblick, der uns oben erwartete; so weit das Auge reichte, entdeckte man nichts mehr als ungeheure Schneegipfel, die wie hohe Wellen[…] hinzuwogen schienen. Ein weißes Gewand war über die ganze Natur gebreitet und das Blau des Himmels die einzige Abwechslung. Man glaubte, eine neue Welt zu sehen, und die verstummende Sprache suchte vergebens nach Ausdrücken für ihr bis jetzt fremde Empfindungen.«*

***Ludwig Purtscheller**, ein Innsbrucker Turnlehrer (1849–1900), schwärmte: »Wenn sich im Frühling das Kleid der Erde in hundertfältiger Blütenpracht wieder erneuert und die Sonne das schwere, frostglitzernde Rüstzeug hinwegnimmt, mit dem die nordischen Wintergötter das Alpengebirge umfangen, dann drängt es uns in neuer Lebenslust und mit verstärkter Kraft hinaus in die heitere, herz- und geisterfrischende Bergwelt […]«*

***Sir Edward George Earle B. Lytton**, bekannter Romancier seiner Zeit, lässt seinen Helden in seinem Buch über die Dolomiten (1837) ausrufen: »Es ist eine Aufregung, hier einen Berg zu ersteigen, obgleich es erschöpft, eine Aufregung, welche ein allgemein wohltuendes Behagen gewährt …«*

***Erzherzog Johann von Österreich** empfahl im 19. Jahrhundert die Alpen als Jungbrunnen für ein erschlafftes Europa: »Unsere Alpen haben, was ich bedarf, sie haben ein unverdorbenes Volk, welches Gott so erhalten möge; vom Jura bis zum Neusiedler See zieht sich ein Gürtel, welcher diese Völker enthält, er ist meines Erachtens das Beste in unserem erschöpften Welttheile.« Und der Erzherzog an anderer Stelle: »Froh bin ich immer entfernt von der Stadt, wo es zu viele Menschen gibt, als daß sie gut sein könnten. In der Stadt taugen weder Luft noch Menschen […]«*

***Viktor von Scheffel** (1826–1866), Richter in Karlsruhe, angeekelt vom politischen Klima nach der Auflösung der Deutschen Nationalversammlung, stöhnte: »Naus aus dem Haus! Naus aus der Stadt! Naus aus dem Staat! Nix als naus!« Als Literat wurde er vor allem mit seinem »Trompeter von Säckingen« bekannt. In den Bergen suchte der Richter schon damals das, was auch heute die meisten Bergwanderer suchen: den Gegenpol zur Enge des Alltags. »Hinter der letzten Sennhütte, im kahlen Rahmen der Felswände des Piz Cierva zur Linken und des Mortèl [heute »Morteratsch«] zur Rechten, erscheint die weite, unermessliche Eiswelt des Rosegg. An der sonnigen Berghalde aber sprießen aus dem Moorgrund noch würzige Alpenblumen, und der elegante Schmetterling Apollo flattert noch vergnügt in den Lüften.*

Bald standen wir am Fuß des Gletschers; die bis ins Thal vorgeschobenen, kuppelartig sich wölbenden Eismassen sind mit Felsgeschiebe und Geröll an der Oberfläche bedeckt, die Spalten waren offen und nicht durch Schnee tückisch markiert, so dass man wie auf einer Poststraße hinansteigen konnte.

Ein dreiviertelstündiger Marsch, ohne Eishaken und ohne das sonst obligate, um den Leib geschlungene Seil, bloß mit Hilfe des Alpenstockes ausgeführt, brachte uns ziemlich in den Mittelpunkt dieser Gletscherwelt. Hier ist das Eis keine kompakte Masse, sondern ein zerrissenes Meer von einzelnen Blöcken und Trümmern. In den feinsten bläulichen und grünlichen Tönen schimmert das Chaos von Eis ineinander; von der rechten Seite des Gebirgskammes kommen die Eiskolonnen des Mortèlgletschers [vadrett da Mortèl] in gleicher Pracht herangerückt und einigen sich mit dem Cierva-Gletscher zu einem erstarrten See, der die ganze Schlucht ausfüllt und bis zu den über den Rücken der Bernina noch vorpostenartig vorgeschobenen Ausläufern des Berninagletschers sich hinstreckt. Tief unter uns klaftertiefe Spalten und zwei große Schuttwälle, die Moränen.

Der wackere Führer wälzte sorgsam einige Steinblöcke als Sitz und Tischplatte auf die zur Rast bestimmte Eisdecke, legte hernach die mitgebrachten Flaschen Rotweins in eine wundersam eisgrün glänzende Spalte, um einen unzweifelhaften Valtelliner à la glace [Veltliner] zu bereiten, und sorgte für die einfache Mahlzeit. Die Sonne schien warm und alpenvergnügt auf die Eiskluft herab, die sie mit ihren Strahlen nicht zu schmelzen, nur zu vergolden vermag; ein Bienlein und eine Hummel kamen schüchtern zu uns herangeflogen. […] Ein guter Deutscher aber darf, auch wenn er achttausend Fuß über dem Meere seinen Wein trinkt, den Charakter tiefer Innerlichkeit dabei nicht verleugnen!«

***Dr. Joseph August Schultes**, Arzt zu Wien, (1773–1831) bestieg zwei Jahre nach der Erstbesteigung den Großglockner, ließ es allerdings kurz unter dem höchsten Punkt gut sein, weil die letzten Höhenmeter nur noch am Seil bezwingbar waren: »Ich zitterte, als ich den halben Erdball unter mir sah, ich glaubte zu fühlen, wie die Erde sich dreht.«*

Bergführer aus Papier

Gottlob Friedrich Krebel veröffentlichte schon um 1770 einen Leitfaden, wie sich der Gast mit dem Wirrwarr der Geldsorten – vom französischen Louis d'Or über spanische Pistolen bis zum Luzerner Schilling – zurechtfinden könne. Johann Goffried Ebel, ein sehr produktiver Publizist praktischer Reiseempfehlungen, wartete Anfang des 19. Jahrhunderts mit Ratschlägen auf über das passende Schuhwerk (er war ein Apologet des kräftigen Nagelschuhs), über Reiten im Gebirge (»[…] an grauenvollen Stellen ist es vernünftig abzusteigen«), Gletscherwandern (»Man gehe nie über Gletscher wenn frischer Schnee gefallen ist!«) oder »Wie man ein Alpenalbum anlegt«. Und auch der erste Baedeker – der Name wurde bald zum Synonym für faktenreiche, verlässliche Reiseführer – beschrieb die Schweizer Alpenwelt.

Einer der ersten Baedeker-Bände über die Schweiz

Natürlich wuchs auch das Verlangen, mehrtägige Touren zu gehen, ohne lebensgefährliche Übernachtungen in großer Höhe einplanen zu müssen. Die ersten Bergtouristen mussten sich allerdings mit sehr spartanischen Unterkünften zufrieden geben. Noch Goethe hatte am 10. November 1779 nach einer Reise in die Schweiz aus Leukerbad geklagt:

> »Diese Nacht habe ich ziemlich unruhig zugebracht. Ich lag kaum im Bette, so kam mir vor, als wenn ich über und über mit einer Nesselsucht befallen wäre; doch merkte ich bald, dass es ein großes Heer hüpfender Insekten war, die den neuen Ankömmling blutdürstig überfielen. Diese Tiere erzeugen sich in den hölzernen Häusern in großer Menge. Die Nacht war mir sehr lang und ich war zufrieden, als man uns den Morgen Licht brachte.«

Hütten sowie mehr und besser geschulte Bergführer standen alsbald ganz oben auf der Wunschliste der zahlenden Gäste. Und auch hier gab es Pioniere. Ein herausragender war der Prager Kaufmann Johann Stüdl (1839–1925). Er lernte 1857 die Alpen kennen und wurde zum Besessenen. Stüdl profilierte sich als einer der Wegbereiter des österreichischen Alpen-Tourismus. Er und seine Freunde bauten 13 Unterkunftshäuser, legten Talzufahrten und Steige an, trieben Bergführer auf, schulten sie und wurden bald generell zu Ratgebern in Bergdingen. Stüdlhütte, Stüdlweg und Stüdlgrat, außerdem Luisengrat und Luisenkopf (zu Ehren seiner Frau) erinnern noch heute an seinen emsigen Einsatz in den Bergen. Stüdl war nicht zuletzt ein ungemein begabter Hobby-Maler.

Aber schon damals gab es Menschen, bei denen die Alarmglocken schrillten, wenn sie sich den Sturm auf die Alpen ansahen. Als Ende des 19. Jahrhunderts ein »standesgemäßes« Haus auf die Zugspitze gebaut werden sollte, den »vaterländischen Berg der Deutschen«, der »Hohen Warte der deutschen Seele«, regte sich Widerstand. »Man soll die stumpfsinnige Masse nicht auf den Gipfel hinauflocken!«, wehrten sich die Puristen. Doch die Macher siegten. Das Haus wurde gebaut – auf einer Plattform, die erst mit Dynamit freigesprengt werden musste. 1897 stand das Münchner Haus; mit einer 21 Kilometer langen Telefonleitung war es mit Partenkirchen verbunden und mit unzähligen Drahtseilen am Fels festgezurrt.

Das war für viele Berg-Geschworene der frühen Jahre Verrat an einer Idee. Sie wollten in den Bergen den Kontrast zu ihrer städtischen Enge finden und nicht die Enge auf die Gipfel exportieren. Einfachheit und Stiltreue lag ihnen am Herzen. Ein Freund der wahren Bergeslust brachte es – bemerkenswerterweise im 1. Weltkrieg – auf den Punkt: »Der Bergsteiger will nicht die Übertragung seiner meist großstädtischen Umwelt in die Berge […]. Einfachheit und Ursprünglichkeit muss in jeder alpinen Unterkunftsstätte herrschen, sodass verwöhnte Leute auch für viel Geld keine Berücksichtigung finden, und wir je eher desto besser von ihrer Gesellschaft befreit sind […]. Stellen Sie sich vor, im vergangenen Sommer (1916) verlangte eine Dame auf der Hütte Steinsalzbäder!«

Auch ein Hüttenwirt, der Anfang des 20. Jahrhunderts 13 Sommer lang die Becherhütte in den Stubaier Alpen bewirtschaftet hatte, bekam die Ansprüche seiner Gäste sattsam zu spüren. Sie forderten unter anderem, die Hütte müsse Hühner und Kühe oder zumindest Ziegen halten, damit die Gäste jederzeit Frühstückseier und Frischmilch hätten. Außerdem bemäkelten sie, dass es weder Telefonanschluss noch Grammophone noch Zimmerklingeln gab, maulten über den Küchengeruch und darüber, dass es nur Papierservietten gab.

Aber die Hoffnung, dass die falschen Leute mit den falschen Ansprüchen den Alpen schnell wieder fernbleiben würden, erfüllte sich nicht; dummerweise waren und sind meist sie es häufig, die mit prall gefüllter Geldbörse anreisen; und der Alpentourismus lebte und lebt davon, zahlende Kundschaft zufrieden zu stellen, nicht von der enthaltsamen Begeisterung der Einsamkeitssucher.

Die ersten Berghütten waren äußerst kärglich und kaum mehr als Notbehelfe bei Wettereinbrüchen.

Ansturm gipfelwärts

Aber wohin sollte all das Gewusel in Berg und Tal führen? Der Wiener Oskar Molitor profilierte sich als besonders engagierter Kritiker von Übererschließung und Übernutzung der Alpen. 1914, unmittelbar vor Ausbruch des 1. Weltkrieges, schrieb er in einem Artikel: »Die eifrigsten Verfechter des Naturschutzgedankens arbeiten ihm systematisch entgegen. Zu emsig sind die Vereine an der Arbeit, die letzten keuschen Berge zu erschließen. Neue, oft überflüssige Hütten bringen den Todeskeim für einen noch freien Berg mit sich. Es gibt genug Leitern und Drahtseile! Allzu reichliche Markierung hat bewirkt, daß Karten nicht mehr richtig gelesen werden können. Die Erschließertätigkeit macht vor nichts mehr halt. Ausdauer ist den Ost-Alpinisten ziemlich fremd geworden. Wir benötigen keine künstlichen Erleichterungen für den idealen Bergsport.«
Molitor blieb kein einsamer Rufer in der Wüste. Die Präsidenten der Alpenvereine reagierten sensibel, schränkten in den Zwanzigerjahren die Hüttenbaueuphorie ein und setzten eine gewisse Schlichtheit als Norm durch. Besonders weitsichtig der Schweizer Alpen-Club, der schon 1890, als in der Schweiz ein wahres Bergbahnfieber ausbrach, das Matterhorn vor entsprechenden Anschlägen rettete.
1925 wogte eine Protestveranstaltung gegen die Zugspitz-Zahnradbahn im Münchner Löwenbräukeller. Vor dem Saal, für 2500 Personen angelegt, kämpften 4000 Zuhörer um Einlass, die Polizei musste einschreiten. Die Empörung gegen den Zugriff auf Deutschlands Höchsten machte sich bisweilen in Stilblüten Luft: »Dem Bergsteiger ist die weiße Spitze eine stolze Jungfrau, die man durch Aufopferung und grenzenlose Liebe allmählich erobert, und die für ein ganzes Leben erhebend wirkt. Dem Drahtseilbahnhelden ist sie eine Kellnerin, mit der man eine halbe Stunde schäkert.«
Die Unberührtheit der Zugspitze fand Fürsprecher, unter anderen Dr. Gustav Müller, Präsident des Bayerischen Obersten Landesgerichts und Mitglied der Sektion Hochland: »Die

Berge sind mehr als bloße Massen von Gestein, Eis und Schnee, sind mehr als Sehenswürdigkeiten, die man gegen Geld begafft. Sie sind Quelle von Mut und Demut, sie lehren uns Einfachheit und treue Kameradschaft. Jetzt will der Moloch Mammon uns auch dieses rauben […] Wir Bergsteiger und Bergfreunde würden Verrat begehen, wenn auch wir uns in den Bann des verfluchten Geldes ziehen ließen. Wir beanspruchen das Recht, gehört zu werden wie jene, die für den Bau von Bergbahnen eintreten […] Wir bitten dich, hohe Regierung: Erhalte die Berge kommenden Geschlechtern! Sei deutscher Berge Hüter!«

Die hohe Regierung hütete lieber die Finanzen, und die versprachen eine günstige Entwicklung dank vieler, vieler zahlender Gipfelbahnbenutzer.

Warnungen in den Bergwind gesprochen

Manchmal hatte die Front der Bewahrer allerdings langfristig Erfolg: Auf der Untersberg-Hochfläche bei Salzburg wurde kein Winterkurort begründet; der Watzmann bekam keine Seilbahn; und auch dem Fuscherkarkopf am Glockner legte man kein Eisen an. Das Watzmanngebiet stand sogar schon seit 1920 unter Naturschutz, was einige Planer allerdings nicht daran hinderte, eine Bahn zum Watzmann-Hocheck zu beantragen – ein Plan, der aber auf höchster Ebene kommentarlos beiseite gelegt wurde.

Das Thema – Maß und Ziel der Alpenerschließung für den Tourismus – ist ein Dauerbrenner. Reinhold Messner schlug in den 80ern sogar vor, sämtliche Hütten abzureißen und Drahtseile und Leitern abzumontieren. Heute plädiert er dafür, unberührte Gebiete unberührt sein zu lassen und nur da auszubauen, wo es, auf gut Deutsch gesagt, nichts mehr zu versauen gibt.

Es gibt eine fatale Dialektik von Mensch und Masse – in Ausnahmelandschaften wie den Alpen wird sie zur Regel: Wo viele Einsamkeitssucher zusammenkommen, finden sie eines mit Sicherheit nicht: das, was sie suchen.

Über allen Gipeln ist … Rummel. Manchmal wird es eng in der Einsamkeit.

Die Kunst versetzt Berge

Anfangs waren gemalte Berge nur Hintergrundstaffage, um die Bedeutung abgebildeter Heiliger zu unterstreichen. Es wäre vor ein paar Jahrhunderten blasphemisch gewesen, Jesus oder die Mutter Gottes klein in großartiger Bergwelt darzustellen. Es brauchte viele Schritte zur »freien« Bergmalerei. Die Wortkünstler dagegen überhöhten die Berge womöglich noch: mal grandios, mal fragwürdig.

Anfangs nur Hintergrund

Die Anbetung der Heiligen Drei Könige. Die byzantinische Darstellung aus dem 10. Jahrhundert zeigt Maria in bergfüllendem Format.

Für die Malerei des Früh- und Hochmittelalters gab es drei wichtige Aufgaben: erstens Gotteslob, zweitens Gotteslob und drittens Gotteslob. Bei dieser Prioritätenliste konnte es nicht ausbleiben, dass so ziemlich alles, was für unsere Sehgewohnheiten Bilder zu Kunstwerken macht, ausgeblendet blieb. Figuren und Farben waren zuallererst Bedeutungsträger in geistlicher Mission; die Größe einer dargestellten Person bemaß sich an ihrer Bedeutung. Einen Hirten an der Krippe größer darzustellen als die Mutter Gottes, wäre ein Sakrileg gewesen. Das »ranking« verbot den Künstlern eine perspektivische Darstellung (deren Konstruktion man im Übrigen noch nicht beherrschte). Vor diesem geistesgeschichtlichen Hintergrund ist es verständlich, dass auch Berge nichts als beigeordnete Symbole oder Bedeutungsstützen waren. Sie kamen vor, aber nie nach vorn, schon gar nicht in wahrer Größe. In einer Illustration der berühmten Moutier-Graval-Bibel aus dem Jahre 840 ist der Berg Sinai nur knapp größer als Moses beim Empfang der Gesetzestafeln. Den Zeitgenossen des Illustrators wäre das völlig natürlich erschienen: Der von Gott eingesetzte Hauptdarsteller ist unendlich viel wichtiger als die Kulisse. In einer byzantinischen Darstellung der Anbetung Christi durch die Heiligen Drei Könige aus dem 10. Jahrhundert (Menologion Basileios' II) sitzt Maria mit dem Gottessohn in einer Grotte, die fast einen ganzen Berg ausfüllt. Auch hier ist die Aussage: Die künftige Königin des Himmels ist überragend. Im »Traum Joachims«, einem Element aus Giottos Freskenzyklus in der Arena-Kapelle zu Padua, um 1350 entstanden, umschreibt der Umriss der Felsen im Hintergrund wie eine Fieberkurve die Bedeutungshöhe der Figuren im Vordergrund. Berge waren Hinweise auf

Größe, gewissermaßen Pfeile zur Lesehilfe. Oder sie waren Chiffren für Unzugänglichkeit, für Wildnis, Einöde und beschwerlichen Weg.

Als Berge Berge sein durften

Einen ersten Schritt in Richtung Berg-Realismus oder -Naturalismus ordnet der Kunsthistoriker Eike D. Schmidt der Reichenauer Schule (2. Hälfte des 9. Jahrhunderst bis ca. 1040) zu. Die malenden Mönche auf der Bodensee-Insel stellten Berge gern als Steinhaufen dar, die erstaunlich akribisch und meist in schuppenförmiger Anordnung gemalt wurden. Zwar hatten diese Konstrukte kaum Ähnlichkeit mit echten Bergmassiven, doch ein Schritt in Richtung Auseinandersetzung mit dem Material war immerhin getan.

Erst die Renaissance (in Italien schon ab 1350) öffnete den Blick auf reale Berg-Landschaften – natürlich nicht mit einem Schlag und nicht ohne »optische Fehler«. Drei Fresken aus dem Palazzo Publico in Siena zeigen zwar schon Berge, die auch für unser Empfinden wie Berge aussehen. Die Personen vor ihnen sind allerdings immer noch nach überkommener Manier überdimensioniert, und die Tiefenschärfe, mit der Burgen im Hintergrund herausgearbeitet

Berge als Steinhaufen unter Jesu Füßen. Eine Darstellung der Reichenauer Schule, zweite Hälfte des 9. Jahrhunderts.

sind, passt nicht zur wesentlich geringeren Detailltreue der umgebenden Hügel.

Die perspektivische Darstellung, die schon die antiken Griechen bei figürlichen Darstellungen und Schrägansichten beherrscht hatten, war im Mittelalter gründlich vergessen worden; und erst um 1410, nach ihrer geometrischen Wiederentdeckung durch Filippo Brunelleschi (1377–1446), wurde sie auch Teil des handwerklichen Standards in der Malerei. Besonders für die Bergmalerei war das eine Zeitenwende. Denn wie anders als in perspektivischer Verkürzung lässt sich die Dreidimensionalität schlechthin, das Bergpanorama, auf die zwei

Dimensionen einer Leinwand zwingen?
Wie schnell und weit in der ersten Hälfte des 15. Jahrhunderts dieser Qualitätssprung vorwärts trug, zeigt zum Beispiel »Der wunderbare Fischzug des Petrus« (1444) von Konrad Witz. Jesus steht am Ufer, die Jünger bergen zum Platzen volle Netze, und die Landschaft ist eindeutig als das Südostufer des Genfer Sees zu erkennen, inklusive des verschneiten Montblanc.

Im 15./16. Jahrhundert findet sich noch beides: naturgetreue, wiedererkennbare Landschaften (Dürer, Altdorfer, Leonardo fertigten Skizzen für ihre Atelierarbeit draußen in der Natur), aber auch immer noch Gebirge, die sich lediglich in der Vorstellung des Künstlers zusammengeschoben hatten oder an kleinen Steinmodellen in Malerwerkstätten gebastelt worden waren. Eine Zeit des Übergangs: Während Leonardo und Altdorfer (der Hochgebirgssaum am oberen Bildrand seiner berühmten »Alexanderschlacht« wirkt fast schon wie die Vorwegnahme der Gebirgs-Luftbildfotografie) schon mit eindrucksvollen Alpendarstellungen glänzten, wurden um 1480 in den Niederlanden noch die letzten Naivberge gemalt: in den Boden gerammte Felsen in rosa, blau und grün (zum Beispiel »Begegnung der heiligen drei Könige«, Bartholomäusaltar).
Die Niederländer, auf dem Sprung zur führenden Malernation Europas, holten rasch auf, man denke nur an die Gebirge Pieter Brueghels d. Ä. Dieses richtungsweisende Malergenie des Nordens soll einmal gesagt haben, er habe die Berge und Hügel auf seinen Reisen verschluckt und nach seiner Heimkehr auf Leinwände und Tafelbilder wieder ausgespuckt; eine schöne, kräftige Umschreibung für die »Aufsaugtechnik«, auf die viele Maler späterer Jahre schworen: eine Landschaft so intensiv in sich aufzunehmen, dass man mit nur wenigen Skizzen daheim zur Tat schreiten konnte.

Ein Vorschein der Fotografie

Im späten 18. und im 19. Jahrhundert erreichten die Bergspezialisten mit Skizzierblock, Pinsel und Palette eine unerhörte Meisterschaft in Realismus und magischem Realismus – Fertigkeiten, die teils die neue Technik der Fotografie oder sogar der dramatischen Fotomontage vorwegzunehmen schienen.
Die neue Qualität wurde auch regierungsseitig bemerkt. Potentaten hatten ja zu allen Zeiten einen Hang zur geflissentlichen Selbstdarstellung mit künstlerischer Hilfe; man denke an die unzähligen Quadratmeter von Herrscherporträts – Posen, Pathos, Prunk, Pferde. Neu war, dass die K. u. k.-Monarchie den Image-Gewinn

Die Alexanderschlacht (1529) von Albrecht Altdorfer zeigt ein Gebirgspanorama aus der Vogelperspektive, kunstgeschichtlich womöglich bedeutsamer als die Darstellung des Schlachtengetümmels.

erkannte, den auch gekonnte Darstellungen der Alpenwelt für sie und ihr Reich bringen konnten. Der kunstsinnige Erzherzog Johann von Österreich ließ seine Kammermaler durchs Gebirge streifen; ihr Auftrag war zweifacher Natur: Sie sollten so viel wie möglich systematisch aufnehmen; sie sollten aber auch Österreichs Glanz mehren. Thomas Ender (1793–1875) und Karl Russ (1793–1875) machten von sich reden: »Eröffnung der Straße über den Semmering 1842 durch Kaiser Ferdinand I.«, eine kolorierte, technisch perfekte Federzeichnung von Russ, zeigt, wie geschmeidig sich die Verbeugung vor der Obrigkeit mit der Referenz an die große Landschaft verbinden lässt.

Die Leichtigkeit und die technische Finesse vieler dieser neuzeitlichen Alpenimpressionen macht leicht vergessen, wie schwer und hart sie erkämpft waren. Über den Maler Markus Pernhart (1824–1871) weiß sein Biograf zu berichten, dass Pernhart acht Mal auf den Großglockner (3798 Meter) stieg und 1858 vier Stunden am Stück auf dem Gipfel hocken blieb, um den Panoramablick in sich aufzunehmen – wie man fasziniert mit Ferngläsern von Heiligenblut aus registrierte. Der Lohn der Sitzung: Es entstand ein Großglockner-Rundblick-Gemälde von 15 Metern Länge und 2,4 Meter Höhe. Das Großflächigste seiner Art, aber nur eines von rund 1000 Glockner-Ölgemälden. Vom Triglav im Osten bis zum Hochschwab, Pernhardt eroberte alles, was sich ihm in den Weg stellte mit dem Pinsel; er war ein Extremist der Palette und es entbehrt nicht einer gewissen makabren Konsequenz, dass er an den Folgen eines Absturzes starb. Die Bilder von Pernhart, Eder, Russ und anderen Spezialisten lockten zahllose malende Amateure mit Skizzenblock und Staffelei ins Hochgebirge; in Österreich nannte man sie mit freundlichem Spott »Gletscherflöhe«. Die Zeichnungen und Aquarelle vieler Freizeitkünstler konnten durchaus professionelle Qualität erreichen und was heute noch in den Zirbenstuben feiner Berghotels hängt oder im Winkel gediegener Pensionen ein Halbschattendasein führt, kann durchaus das gekonnte Werk eines geländegängigen Berliner Chirurgen anno 1885 oder eines wilhelminischen Offiziers im Ruhestand sein.

Die Mitte des 19. Jahrhunderts markiert auch für die Bergmalerei eine Zeitenwende, eine, die sich erst indirekt auswirkte. Die Fotografie – 1856 standen die ersten Fotografen, die Brüder Bisson, auf dem Montblanc – veränderte langsam, aber spürbar die Sehgewohnheiten und Erwartungen des Publikums. Es ist indes eine müßige – weil kaum zu entscheidende – Diskussion, ob die Maler gewissermaßen die Dimensionen der modernen Hochleistungsfotografie voraus ahnten oder ob sie von den Anfängen der neuen Technik zu Verfeinerung ihrer Möglichkeiten getrieben wurden.

Drei Fixsterne der Alpenmalerei

Sie sind über eine Nischen-Berühmtheit nicht hinausgekommen: Dennoch ist die Meisterschaft von Bergmalern wie Ernst Platz, Edward Theodore Compton und Rudolf Reschreiter unstrittig.

Die neue Generation malte nicht nur Berge, sondern stellte auch – fast eine Vorwegnahme der Reportagefotografie – Klettertechniken und exemplarisch schwierige Bergpartien dar. Selbst Ausflüge in Nebenreviere wie zum Beispiel zur Karikatur und Witzpostkarte genehmigten sie sich und auch die Gratwanderung zwischen Kunst und Kitsch wurde nicht gescheut.

So wurde der Münchner Maler und Gelegenheitsdichter Ernst Platz (1867–1940), der als

»Märzmorgen im Karwendel« nannte Ernst Platz seine Spätwinter-Impression.

Blick auf die Jungfrau; Edward Theodore Compton, gefeierter Alpenmaler des 19. Jahrhunderts, wohnte am Starnberger See, um schnell mit seiner Staffelei ins Gebirge reisen zu können.

Expeditionsmaler unter anderem bis zum Kilimandscharo reiste und auch die berühmte Cenzi von Ficker (vgl. S. 149) auf die Uschba-Expedition begleitete, ausgerechnet durch sein Bild »Memento mori« berühmt, das heute wegen seiner dick aufgetragenen Metaphorik nur noch als Heiterkeitserfolg durchgeht: Ein Knochenmann, das linke Spielbein kokett auf einen Felsvorsprung gesetzt, hält dem sinnend in den Abgrund schauenden Bergsteiger das Stundenglas über den Berghut (vgl. S. 139).

Von diesem Fehltritt einmal abgesehen: Es war wesentlich Ernst Platz, der die Dynamik des Gebirges für die Malerei entdeckte. Berge als die üblichen oft nur kulissenhaften Standbilder interessierten ihn wenig; er formte Bilddramen aus brechenden Schneewächten, Lawinenabgängen, Sturmnächten. Und immer wieder stellte er auch knifflige Situationen beim Klettern dar. Platz malte »live« wie wenige vor ihm. Sein Anspruch an sich selbst war es, Erlebtes so frisch wie möglich auf die Leinwand zu bannen. Eine Tagebucheintragung vom September 1894 veranschaulicht sein künstlerisches Gipfel-Lebensgefühl: »Vomperkette, rüste als letzter Nachzügler zur Heimkehr. Während zweier Sommer bin ich unverdrossen herumgestiegen und habe Minuten karger Rast fürs Skizzenbuch geopfert, ein wundervolles Gemisch aus halb Künstler-, halb Bergfexenfahrten, und natürlich dominierte der erstere Charakter am Anfang.«

Bekannter als Platz wurde der Brite Edward Theodore Compton (1849–1921). Als Achtzehnjähriger übersiedelte er mit seinen Eltern von der Insel nach Darmstadt; von hier aus erkundete die Familie in ihrer Freizeit die Schweizer Alpen. Schon die erste Begegnung mit der neuen Dritten Dimension machte den jungen Compton zum Gefangenen. Für ihn war nur mehr ein Leben in Alpennähe denkbar und tatsächlich verbrachte der Wahldeutsche fast 50 Jahre seines Lebens am Starnberger See, was dem an Superlativen nicht armen Gewässer den zusätzlichen Ruhm einbrachte, den berühmtesten aller Bergmaler-Alpinisten an seinen Gestanden gehabt zu haben.

Was Zeitgenossen und Nachwelt an Comptons Stil als wegweisend und bahnbrechend lob(t)en, ist die meisterhafte Verbindung von Inspiration und Wirklichkeitsnähe. Dem Pathos vieler Vorgänger und Zeitgenossen wich er elegant aus; das optische Geblinker mit symbolischen Versatzstücken hatte er nicht nötig, um Eindruck zu machen.

Auch für Compton gilt, dass die Leichtigkeit schwer erarbeitet, um nicht zu sagen, erkeucht werden musste. Von einem Freund und gelegentlichen Begleiter des Malers wissen wir: »Die wenigsten, die seine Bilder bewundern, geben sich wohl Rechenschaft über die Umstände, unter welchen die grundlegenden Skizzen entstanden sind. Wenn alles so herrlich, so abgestimmt vor uns liegt, ahnt man nicht, dass die Originalskizze oft nach acht- bis zehnstündigem Marsch über Moränen, Gletscher, Fels und Firnschneiden gemalt wurden. Wenn dann andere eine Gipfelzigarre rauchten und sich wohl ein Schlafstündchen gönnten, arbeitete Compton fieberhaft. Am späten Nachmittag zur Hütte zurückgekehrt, warfen sich seine Genossen aufs Lager, während er bis zum letzten Augenblick malte, um den Eindruck möglichst genau wiederzugeben.«

Nach Comptons Tod wurde seine Asche in einen Bach des Wettersteingebirges gestreut; Compton wollte es so – so viel Inszenierung darf sein für jemanden, der sich zeitlebens hütete, Bedeutsamkeit mit breitem Pinsel in seine gemalten Bergwelten zu drücken.

… mit fieberhafter Erregung

Der dritte Große neben Platz und Compton war Rudolf Reschreiter (1868–1938). Der junge Reschreiter kam über die Bergsteigerei zum Malen und auch er musste erst die beruflich-ständischen Konventionen überklettern, die sein gutbürgerliches Elternhaus für ihn aufgerichtet hatte. Lange hielt er das ihm auferlegte Jurastudium aufrecht – Kunstmalerei galt daheim als etwas Anrüchiges, Suspektes –, ehe er sich als immerhin schon erfolgreicher Maler »outete« und sich ganz in die Gebirge warf.

Der Name, den Rudolf Reschreiter für die seltsamen Schneefiguren in den Anden wählte, machte sogar Wissenschaftsgeschichte: Büßerschnee.

In seinem Fall waren es nicht nur die nahe liegenden, sondern die Gebirge der ganzen Welt, die er doppeläugig sah: mit dem Künstler- und mit dem Wissenschaftlerauge. Reschreiter begleitete 1903 den Forschungsreisenden Dr. Hans Meyer (1858–1929), Professor für Kolonialgeschichte an der Universität Leipzig, in die Kordilleren nach Ecuador; er war sein Chronist und ging ihm auch praktisch zur Hand. Maler und Professor erstiegen Seite an Seite den berühmten Chimborasso, den der noch berühmtere Alexander von Humboldt ein paar Forschergenerationen zuvor auf die wissenschaftliche Weltkarte gesetzt hatte. Nach dem Chimborasso folgte der Cotopaxi. Über die Ankunft auf dem Gipfel schrieb Reschreiter: »Mit fieberhafter Erregung ging's dahin. Ich achtete nicht der seltsamen Schneegebilde. Rutschend, springend und wieder auf allen Vieren zwängte ich mich zwischen den Eisbuckeln durch und stand plötzlich am Kraterrand.«

Auf dem Rückweg malte er seltsame Eisformationen, die er »Büßerschnee« nannte, weil die Natur-Skulpturen an Büßer denken ließen, die voll schlechten Gewissens die Schultern hängen ließen – ein Effekt der durch den Wechsel von gleichmäßigem Wind mit Gefrier- und Auftauphasen zustande kam. Der romantisierende seltsame Name hielt sich sogar eine Weile in zeitgenössischen Wissenschaftsreferaten. Auch von Reschreiter gibt es das Hohelied der Entbehrungen: Malen im Wettlauf mit blutsaugenden Mücken oder Erfrierung der Fingerkuppen; einmal fraß ihm ein streunender Köter die Farbe von der Palette, einmal entging er nur knapp einem tödlichen Absturz. Die Mühsal, die schiere physische Leistung, die hinter vielen Bildern verborgen liegt, lässt an die womöglich noch härteren Tage der Expeditionsmaler denken – jener Spezialisten, die die Cooks und Humboldts begleiteten und die mit malariafiebriger Stirn bei Kerzenlicht mit unvorstellbarer Geschwindigkeit und Präzision Kunstwerke der Genauigkeit und Schönheit schufen.

Reschreiter war nicht der Einzige, der sein Künstlertum wissenschaftlich disziplinierte. Zu den absoluten Spitzen in der Kette der Gebirgsmaler zählt auch der Böhme Friedrich Simony (1813–1896), dem es die Fossilien im Dachsteingebirge angetan hatten. Kaiser Franz Joseph höchstpersönlich berief ihn zum Professor für physikalische Geographie an die Universität nach Wien. Meisterhafte Gemälde unterliefen ihm gewissermaßen nebenbei, gemeint waren sie aus seiner Sicht als Hilfsmittel für wissenschaftliche Arbeit. Wie auch immer, seine Skizzen der sich ständig neu drapierenden berühmten Schneewächte auf dem Venediger zählen zu den hinreißendsten Aquarellen, die jemals im Alpenraum entstanden sind. Vorschein der neuen Kunst: der Kunst mit Linse und Zelluloid statt Pinsel und Leinwand.

Schwarz auf Weiß – Fotografie

Was heute einer der Vorteile von Fotografie ist – relativ geringer technischer Aufwand –, war lange ihr begrenzender Faktor; die ersten leistungsfähigen Kameras waren schwer und sperrig und insbesondere im Hochgebirge, wo jedes Kilo Apparatetechnik doppelt wiegt, stellten sie athletische Anforderungen an die Lichtbildpioniere. Berichte von der »Photographischen Expedition 1863«, lesen sich heute ein wenig wie die Vorbereitung eines Eroberungsfeldzuges. Schwere Apparate, ein Wachstuchzelt und ein ganzes Labor wuchteten die 22 Expeditionsteilnehmer bergan. In einer bescheidenen Hütte musste die Mannschaft 12 Tage das Wüten von Stürmen und Schneeeinbrüchen abwarten, bis sie zu Schuss kam. Ein zeitgenössischer Bericht

Foto von Gustav Jägermayer: Der Großglockner von Südosten, während der Besteigung durch die »Photographische Expedition« 1863.

Ernst Platz' »Jochbummler« war hochwertige Gebrauchsgrafik für die Gartenlaube, die viel gelesene Wochenzeitschrift vor dem Ersten Weltkrieg.

würdigt den Aufmarsch am Gipfel: »Die Reise dauerte vom 2. Juli bis 28. August; Bedeutung des Unternehmens für die Geographie und die meisten Zweige der Naturwissenschaft ist beachtlich.« Die Ausbeute betrug 91 »Ansichten«; 86 davon wurden zu einer Wanderausstellung zusammengefasst, die großes Aufsehen erregte. Die Puristen, die auf strikte Trennung zwischen Kunst einerseits und »bloße Abbildnerei« (Fotografie) drängten, waren bald in der Minderheit. Die Fotografie konnte nach Überwindung anfänglicher Kinderkrankheiten in starker Bildsprache für sich selbst sprechen. Compton malte in seinen späteren Jahren auch nach Fotos Berge, die er nie gesehen hatte, zum Beispiel den Krater des Kibo am Kilimandscharo. Ernst Platz pinselte die »Märchenwiese« am Nanga Parbat, die er nie sah.

In dem Maße, wie sich die Fotografie perfektionierte und mit der Farbe sich noch einmal neu erfand, wurde sie zum Werbeträger Nummer eins fürs Gebirge. Und sie hatte den Vorzug absoluter Glaubwürdigkeit; dass man auch mit der Linse gewaltig schönen, dass man mit Bildausschnitt und mit der Wahl des Winkels massiv täuschen kann, war lange nur Geheimwissen der Profis.

Der ersten Fotoausstellung durch den Österreichischen Alpenverein folgten zahllose weitere, darunter in letzter Zeit durchaus kritische, wie zum Beispiel die Dokumentation »Albtraum Alpen«.

Ihre Brot- und Weidegründe allerdings fand die Gebirgsfotografie in der Tourismusbranche. Sie hat einen schier unersättlichen Hunger nach alpenglühenden Steilwänden, lieblichen Matten mit Schusternagerl und Soldanellen, nach Wasserfällen, die aus den Wolken herabstäuben und nach Herrgottshimmel über weißer Pracht. Und natürlich liefert die Lichtbildner-Branche neben allen Lieblichkeiten auch bezahlte Lügen in jeder gewünschten Schärfe und Qualität. Auch eine von Liften zerdrahtete Landschaft mit wüster Stadtrandarchitektur lässt sich so ins Bild rücken, dass es immer noch nach heiler Bergwelt aussieht. Mundus vult decipi – Die Welt lässt sich fotografieren.

Eine Analyse der Alpen-Fotoflut würde viel darüber aussagen, wie und warum landschaftliche Schönheit auf uns wirkt. Warum gibt es Berge einerseits und Prachtberge andererseits? Welches Mischungsverhältnis aus hart und zart, aus abgründig und abgerundet, aus Enge und Weite hat die höchsten »Einschaltquoten« in unserem Gehirnkasten? Was, bitte genau, ist das »Bergschöne«?

Die Verdrahtung der Alpen begann schon früh, die Plakatkunst half ihr auf die Sprünge.

Jenseits von Trenker – Bergfilm

Als in den späten Achtziger- und frühen Neunzigerjahren des 20. Jahrhunderts spektakuläre Bergrutsche, Murenabgänge, entfesselte Bergbäche und grassierendes Bergwaldsterben ein öko-sensibilisiertes Publikum verstörten, titelte die taz: »Der Berg ruft nicht mehr, der Berg kommt jetzt selber.«

Louis Trenkers Schilderung des Hochgebirgskrieges im Ersten Weltkrieg war Anfang der Dreißigerjahre ein Kassenerfolg; Arnold Fancks »Der Heilige Berg« schrieb (Berg)-Filmgeschichte.

Wohl nicht allzu viele, die über diese Zeile schmunzelten, wussten damals noch, dass »Der Berg ruft« (1937) ein Filmwerk von Luis Trenker ist, eines der wenigen aus einem Genre, das seinerzeit ein großes Publikum fand, oder wie Leni Riefenstahls neoromantischer Streifen »Das blaue Licht« (1932) sogar ein Kapitel Filmgeschichte schrieb.

Der »rufende Berg« wurde ikonenhafter als der Film selbst, den der Filmkritiker Andreas Kilb (GEOspecial, Dezember 2004) einen »Kostümfilm vor zeitloser Felsenkulisse« nennt. Das Kostüm war die Alpinistentracht der ersten Gipfelstürmer, die Kulisse bietet das Matterhorn, das sich von Whymper und Gefährten nur gegen Entrichtung eines Blutzolls erobern ließ. (vgl. S. 137)

Trenkers frühe Filme wie »Berge in Flammen« (1931) oder »Der Rebell« (1932) – beide handeln vom Krieg im Gebirge – machen diese Extremlandschaft zu einer in die Vertikale gedehnten Arena: Hier ist der Ort, wo sich die Guten von den Bösen abheben können, die Tappenden von den Tapferen, so klar wie ein Schattenriss gegen Gletscherweiß oder Himmelblau;

hier obsiegen die Kühnen gegen die Kümmerlinge; hier triumphieren Hochherzige über Hasenfüßige.

Berge ohne Erfolgsgipfel

Es fällt auf, dass Hollywood von gelegentlichen Bergausflügen abgesehen (»Cliffhanger« mit Sylvester Stallone war 1993 leidlich erfolgreich), aus dem Genre nie große Erfolgsgeschichten machen konnte. Während die Prärie groß rauskam als der Teppich, der fürs Selbstbewusstsein der USA über die Leinwand ausgerollt wurde, während das Meer als Schaumbad für Zelluloidhelden heftig Karriere machte, blieben Berge trotz früher Glanzstücke (zum Beispiel »Der heilige Berg«, »Die Weiße Hölle von Piz Palü« und »Stürme über dem Montblanc« von Arnold Fanck) Nebendrehorte. Natürlich wurden Bergkulissen immer wieder gern mitgenommen. Aber meist sind sie austauschbar wie zum Beispiel die Anden als Ersatzdrehort für den Himalaja, durch den sich der Film-Harrer, Brad Pitt, in »Sieben Jahre Tibet« (1996) nach Lhasa kämpft.

Vielleicht ist es ja kein Zufall, dass am Berg die Dokumentation – etwa im IMAX-Film »Everest« von 1998 – auch kommerziell gegen den ansonsten ungleich erfolgreicheren Spielfilm punkten konnte. Und vielleicht lässt sich ja auch gegen eine hochdramatische Kulisse nur schwer eine handlungsorientierte Dramaturgie durchsetzen.

Der Berg als Trenker'scher Prüfstein für Helden jedenfalls erscheint schnell abgewetzt. Doch ein Gipfelsturm oder eine Gipfelniederlage mittels hoch entwickelter Dokumentar-Kameratechnik eins zu eins eingefangen, schafft das, was Andreas Kilb die »Essenz der großen Bergfilme« nennt: »atemloses Staunen«.

Und daran wird weiter gearbeitet werden.

Überhöhte Sprache

Berg ist der Gegensatz von Thal und ansehnlicher als Hügel«, sagt Grimms Deutsches Wörterbuch. Eine Definition, die der alten Frage, ab wann ein Berg ein Berg ist, geschickt ausweicht. Und noch etwas entdeckt man bei den Grimms, im immer noch tiefsten Born deutscher Sprachforschung: Die klangliche Nähe zu »Burg« ist wahrscheinlich nicht zufällig; jedenfalls findet sich im Germanischen *burgs* eine Sprachwurzel, die Bauliches – im Sinne von umwallter Siedlungsstätte – genauso bezeichnet wie Naturgestein.

Berge sind meist nicht zu übersehen. Sie drängen sich auf. Sie drängen sich in die Sprache. Da stehen einem die Haare zu Berge, wenn jemand mit Bergen von Plattitüden einfach nicht hinterm Berg halten kann und meint, allein schon der Glaube an sein Ego könne Berge versetzen. Sagt man so einem, man lege keinen Wert auf seinen Gipfel von Schwachsinn, dann steht er da wie der Ochs vorm Berg, versucht seine Verlegenheit zu verbergen (Seien wir genau: Bergen hat sprachgeschichtlich nichts mit Berg zu tun.) und macht sich günstigstenfalls rasch über alle Berge.

Nicht alle Bergredensarten erklären sich so einfach wie »goldene Berge versprechen«, wie »über den Berg sein« oder »der kreißende Berg hat ein Mäuslein geboren« (viel Wind um nichts). Es gibt Sprachbilder, deren Herkunft verweht ist: »Hinterm Berg halten« zum Beispiel ist aus dem Wortschatz der Militärfibeln und Strategiebücher in die Umgangssprache einmarschiert. Der Feldherr, der Truppenteile hinterm Berg versteckt hält – ein beliebtes Überraschungsmoment aus der Zeit vor der Luftaufklärung –, verbirgt möglicherweise etwas (Schlacht-)Entscheidendes. Und wer »mit etwas nicht hinterm Berg halten kann«, schädigt sich und/oder andere, weil er etwas – zu früh! – zu erkennen gibt.

Berge bieten sich an, wenn es um Überhöhung geht: bergeweise als Steigerung von haufenweise; die Berg- und Talfahrt des Lebens; Bergfest als Markierung für Halbzeit; es geht bergauf mit unserem Betrieb, es geht bergab mit der Konjunktur.

In anderen Sprachen oder Dialekten fällt auch anderes Licht auf die Berge: »Make a mountain out of a mole hill« entspricht unserem »aus einer Mücke einen Elefanten machen«. Und das Hessische »De Berg ernuff hilft kaan Deiwel, de Berg ernunner alle Heiligen«, spricht für sich selbst.

Trittsicher und absturzgefährdet – Literaten am Berg

Am Berg sind die Literaten ganz schön in Schweiß geraten. Dabei war es lange nicht »Berg pur« – also Schilderung der Bergnatur –, was die schreibende Zunft umtrieb, sondern Bewältigung dessen, was Berg bedeutete. Und das war natürlich zeitgebunden.

Der griechische Naturphilosoph und Dichter Empedokles soll im 5. Jahrhundert v. Chr. den Ätna erstiegen und sich in den Feuerschlund gestürzt haben. Und weil er es ohne Zeugen tat, war der literarischen Spekulation Tor und Tür geöffnet: Meinte er dort unten Antwort auf wissenschaftliche Fragen zu finden? War er einfach nur lebensmüde? Friedrich Hölderlin rief ihm mehr als zweitausend Jahre später eine kühne These hinterher:

Das Leben suchst du, suchst, und es quillt und glänzt
Ein göttliches Feuer tief aus der Erde dir,
Und du in schauderndem Verlangen
Wirfst dich hinab in des Aetna Flammen. […]
Und folgen möchte ich in die Tiefe –
Hielte die Liebe mich nicht – dem Helden.

Empedokles stieg auf zum Sterben, falls nicht posthum einem Unfall ein höherer Sinn unterschoben wurde. Eine Privatangelegenheit, oder? Vielleicht nicht ganz: Eine selbst inszenierte Feuerbestattung war ein Regelbruch, denn für den Übertritt ins Totenreich gab es festgeschriebene Riten und berufene Zeremonienmeister.

Die Montségur-Burgruine in Südfrankreich. Hier wurden die Katharer auf Geheiß des Papstes als Ketzer niedergemetzelt.

Der Anfang der Bergliteratur

Für das Renaissance-Genie Petrarca war die Besteigung des Mont Ventoux ein Schritt ins Noch-nicht-Dagewesene. Das Kühne an seiner Tat: Die Sünde der Augenlust beging er sehenden Auges. Aber ein Übermaß an Kühnheit wollte auch er nicht riskieren; er beschrieb seinen Gipfelblick als tiefe Schau nach innen – noch ganz in der Tradion der Gottsucher (vgl. S. 128).

Spätestens seit religiöse Tabus nicht mehr quasi Gesetzeskraft hatten, öffnete sich der reale Weg

Kein Schweizer, sondern der Schwabe Friedrich Schiller umdichtete den Schweizer Berg- und Nationalhelden Wilhelm Tell.

nach oben. Und das hieß unter anderem, der Berg konnte auch Schauplatz werden, Schauplatz im doppelten Sinn des Wortes: Es gab viel zu schauen und er wurde Ort einer Handlung.
Zum Beispiel: Gebirge als »Ort, wo die Freiheit wohnt«. Kein geringerer als Goethe wollte ein Bergdrama dieser Tonart schreiben. Seine Hauptperson stellte er sich als »einen kolossal kräftigen Lastträger« vor, der damit beschäftigt sein sollte, »die rohen Tierfelle und sonstige Waren durchs Gebirg herüber und hinüber zu tragen […] und ohne sich weiter um Herrschaft und Knechtschaft zu bekümmern, sein Gewerbe treibend und die unmittelbarsten und persönlichen Übel abzuwehren fähig und entschlossen.« Das Bergdrama aller Bergdramen, »Wilhelm Tell«, schrieb dann sein kongenialer Freund und Kollege Friedrich Schiller, der übrigens nie eine alpine Landschaft gesehen hat, der aber, neben fleißiger Recherchearbeit, sehr von Goethes Schilderungen profitierte: Der Dichterfürst, zugleich ein gut informierte Mineraloge, hatte die Alpen mehrfach überquert. Schiller aber, dessen Berg-Naturschilderungen im Tell alles andere als blutleer sind, beweist, dass Imagination oft weiter tragen kann als Augenschein. Als ein Parallelbeispiel aus der Bildenden Kunst mag Caspar David Friedrichs »Watzmann« gelten; auch dieser Hochmeister der Romantik setzte nie einen Fuß ins Hochgebirge.
Normalerweise setzte eindrucksvolle Schilderung aber voraus, dass man sich unmittelbar und vor Ort beeindrucken ließ; der übliche Weg führt(e) von der Iris ins Hirn, in die Hand, aufs Papier. Kein leichter Weg. Und manchen Schilderungen merkt man an, wie der Dichter den Abgleich mit vertrauten Bildern sucht, um sich und dem Leser »Aufstiegshilfen« zu geben.
So nennt der britische Schriftsteller John Ruskin die Berge »these great cathedrals of the earth« und vermutet, der Mensch habe sich beim Dombau von ihnen inspirieren lassen. Und Victor Hugo (1839): »Diese Berge sind wirklich Wellen, Riesenwellen. Sie zeigen alle Formen des Meeres: hohe See, grün und dunkel, sind die mit Tannen bestandenen Bergkämme; gelbe und erdfarbene Wogen die von Flechten vergoldeten Granithänge, und auf den obersten Wogenkämmen bricht sich der Schnee und fällt in Zacken in schwarze Schluchten, wie Meeresschaum. Man meint in einem ungeheuerlichen Ozean zu stehen, erstarrt mitten in einem Sturm durch den Hauch Jehovas.«
Ein Augenzeugenbericht, ohne Frage. Auch der Schweizer Conrad Ferdinand Meyer (1825–1898) war schon von Geburts wegen vor Ort. Der passionierter Bergwanderer nahm sich die Freiheit, auch aus der unmittelbaren Wandererperspektive zu dichten, gewissermaßen gereimte Bergtagebuch-Notizen. Mit einem Aufschwung nach ganz oben in der letzen Zeile.

Himmelsnähe

In meiner Firne feierlichem Kreis
Lag'r ich am schmalen Felsengrate hier,
Aus einem grünerstarrten Meer von Eis
Erhebt die Silberzacke sich vor mir.

Der Schnee, der am Geklüfte hin zerstreut,
In hundert Rinnen rieselt er davon
Und aus der schwarzen Feuchte schimmert heut'
Der Soldanelle zarte Glocke schon.

Bald nahe tost, bald fern der Wasserfall,
Er stäubt und stürzt, nun rechts, nun links verweht,
Ein tiefes Schweigen und ein steter Schall,
Ein Wind, ein Strom, ein Atem, ein Gebet!

Nur neben mir des Murmeltieres Pfiff,
Nur über mir des Geiers heisrer Schrei,
Ich bin allein auf meinem Felsenriff
Und ich empfinde, dass Gott bei mir sei.

Die Berglandschaft wird – nicht nur für C. F. Meyer – zum Dom, zum Gotteshaus, zum Ort, der einen die Hände falten lässt und gläubig macht.

Wobei gläubig nicht christlich-gottgläubig heißen muss. Der berühmteste Atheist des 19. Jahrhunderts war Alpenwanderer, der die Berge um Sils-Maria durchstreifte – in moderaten Höhen wegen seiner angegriffenen Gesundheit: Am 18. Juli 1881 bringt der Zug einen kränkelnden Professor der klassischen Philologie nach St. Moritz und der Ankömmling, Friedrich Nietzsche, wird dem Oberengadin mit einigen Unterbrechungen treu bleiben.

Der Übermensch wurde in den Alpen gezeugt

Die Geburt des »Zarathustra«, des »Übermenschen« hinterließ literarisch, philophisch und (leider auch) ideologisch ihre Spuren. Am Silvaplaner See, so schreibt Nietzsche, wurde er buchstäblich »von Zarathustra überfallen«. Sein dichterisch ausgeformtes Konzept des Menschen, der sich aus eigener Machtvollkommenheit emporstilisiert, gilt heute als eine der radikalsten Geistestaten des 19. Jahrhunderts. Zarathustra ist ja selber Gott, also braucht er keinen ihn fremd bestimmenden Gott. Und der Ort der Berufung ist – wie im Alten oder Neuen Testament – natürlich der Berg: »Als nun Zarathustra so den Berg hinaufstieg, gedachte er unterwegs des vielen einsamen Wanderns von Jugend an, und wie viele Berge und Rücken und Gipfel er schon gestiegen sei. Ich bin ein Wanderer und ein Bergsteiger, sagt er zu seinem Herzen, ich liebe die Ebenen nicht und es scheint, ich kann nicht lange still sitzen. Und was mir nun noch als Schicksal und Erlebnis komme, – ein

Wandern wird darin sein und ein Bergsteigen: man erlebt endlich nur noch sich selber!«
So also! Der Mensch erwandert sich am Berg sein Übermenschentum. Lassen wir die Diskussion um den Zugriff der Nazi-Ideologen auf Nietzsches Übermenschenkonzept einmal beiseite und werfen wir einen Blick auf Bergprosa neueren Datums, die oft genug – häufig nach dem Motto »Ich und der Überberg« gehäkelt –, wie verdünnter Nietzsche klingt. Die Überwindung des Bergs als Selbstüberwindung, als Aufstieg in eine höhere Qualität von Ich. Unvermeidliche (Zwischen-)Abstiege inbegriffen, nochmals Originalton Nietzsche: »Vor meinem höchsten Berge stehe ich und vor meiner längsten Wanderung: darum muss ich erst tiefer hinab, als ich jemals stieg: – tiefer hinab in den Schmerz, als ich jemals stieg, bis hinein in seine schwärzeste Fluth! So will es mein Schicksal: Wohlan! Ich bin bereit.«
Nietzsche hat Schicksal und Berg in eins gesetzt, und seither kommt fast keine Beschreibung einer dramatisch missglückten Besteigung ohne das Wort »Schicksal« aus. Ein sprachlicher Missgriff, wenn man das Wort beim Wort nimmt: »Schicksal, das, was dem Menschen durch Fügung bestimmt ist« (Grimms Deusches Wörterbuch), kann ja wohl nicht das sein, was Extremsportler *freiwillig* für sich wählen beziehungsweise riskieren. Ins *Schicksal* dagegen wird man *geschickt*.

Friedrich Nietzsche, der geistige Vater des Übermenschen Zarathustra, hier nackt und als Heros. In Wirklichkeit war der Poet und Philosoph eher schwächlich und kränklich.

Aber solche Gedanken sind nicht literaturfähig, zumindest nicht berg-literaturfähig. Das hohe Lied von Leiden, Härte, Qual und Schmerz besingt ein höheres Dasein, wenn der Bergsteiger in der Überwindung physischer Grenzen auch die gewohnten Gedanken hinter sich lässt und ihm stattdessen neue, völlig anders geartete Sphären in den Sinn kommen. Der Berg als in Stein gehauene Metapher für Lebensbewältigung der siegreichen, wenn nicht gar der heroischen Art. Na ja, … für den der's mag.

Gipfelbücher

Wie literaturgebärfreudig die Bergwelt war und geblieben ist, zeigt sich auch noch in der literarischen Verdünnung. Wir bitten den Leser an dieser Stelle, uns auf einen kleinen, aber bemerkenswerten Abstieg aus der Welt der Hochliteratur zu folgen: in die Welt der Gipfelbücher. Gemeint sind die schneesicher unter Gipfelkreuzen postierten »Gästebücher«. Hier findet sich literarisches Seufzen und Gipfelphilosophie auf Fresspaket- und Kniebundhosen-Niveau. Und doch drängt sich die Frage auf: Warum schreibt der Mensch sich gern in Gipfelbücher ein? Die meisten der nachfolgenden Zitate sind Gipfelbüchern aus dem Bayerischen Ammergebirge entnommen, die Mehrzahl dem Notkarspitz-Gipfelbuch (19. 10. 1999 – 21. 10. 2000).

Es mag ganze Geröllawinen von Gründen für Gipfelbucheinträge geben. Widmen wir uns den mutmaßlich interessantesten: Wir meinen, es sind Gelüste nach gerechtem Lohn und Unsterblichkeit im Spiel. Auch das Grundgefühl – du der Berg, ich der Zwerg, *meine* schwindende Zeit und *deine* Unvergänglichkeit – scheint ein Dauerbrenner zu sein. Äußerungen, die sich hier eingruppieren lassen, findet reichlich, wer sich in Gipfelbücher vertieft, wie sie auf den meisten erwanderbaren Alpengipfeln ausliegen, oft mit ausdrücklichen Ermunterungen zur Zeugnisabgabe wie zum Beispiel dieser:

Du tapfrer Bergfreund, schreib' dich ein!
Doch halt das Buch dabei auch rein!
Im Kasten sollst du es verwahren,
so bringt es Freude noch nach Jahren.

(Gipfelbuch des Schellschlicht,
2052 Meter ü. NN., Ammergauer Alpen)

Da bekennt jemand schlicht und ehrlich: »Liebe Oma, ich hab dich lieb. Ich vermiss dich sehr. Heut bin ich dir ziemlich nah. Und das ist schön.« Oder zwei Freunde aus Weilheim rufen gewissermaßen über den Horizont des Irdenlebens hinaus ihrem verstorbenen Freund zu:

Im letzten Jahr waren wir noch zusammen hier.
Heut sind wir auf dem Gipfel in Gedanken bei Dir.

Der besondere Ort regt anscheinend dazu an, an einen besonderen, verstorbenen Verwandten oder Freund zu denken. Der Kontrast von »kleiner« Menschlichkeit zu »ewiger« Bergwelt, regt zu Gedanken über Vergänglichkeit an.

Vielleicht ist es auch das Gipfelkreuz (das erste überhaupt wurde am 25. August 1799 auf dem Glockner errichtet), also das Todes- und Auferstehungs-Symbol schlechthin, an dem sich diverse Memento-mori-Gedanken aufhängen. Oder aber die pure Erschöpfung wirkt, der akut spürbare Hinweis auf die Endlichkeit des Körpers. Da schreibt eine erkennbar matte Kugelschreiber-Hand:

Wir zwei, wir litten arge Not,
Tränen gab's und wenig Brot.
Nichts destotrotz, jetzt sind wir oben
und wollen unsern Herrgott loben
für diese Welt so wunderschön,
was die da unten gar nicht sehen.

Überwundene Pein, Aufstieg aus dem Jammertal zum Licht – davon handeln viele Eintragungen: »B. ließ sich von der Notkarspitze nicht zerbrechen, die stärkere war sie – trotz Wutanfall.« Oder klassisch verknappt und atemlos: »Dabei gewesen. Und Gott sei Dank geschafft.« Häufig auch finden sich stilistische Spurenelemente von dem, was Literaturwissenschaftler als beliebtes Stilmittel der Deutschen Romantik kennen: Das Wetter als Spiegel der Seele. »Bei schönstem Sonnenschein in Ettal aufgebrochen, auf halber Höher dann die Nebelbank und oben strahlende Sonne und Weite !!!« Der Wettermetaphorik entkleidet hieße das: Voller Schwung

und Optimismus ins Leben aufgebrochen (Jugend!), dann Mühsal und Leiden (Lebensmitte), die schlussendlich (in reiferen Jahren) belohnt werden.

Andere greifen zur Selbstironie:

Zweimal wollten wir schon wieder umdrehn,
als wir die Gams ham pinkeln g'sehn.
Nun sind wir auf dem Gipfel hier.
Der S. schläft jetzt und ich frier.

Oder die Klage eines Ehemannes, der, über das Gipfelbuch gebeugt, noch den existenziellen Jammer seiner Frau im Ohr hat:

Wer hier noch greint,
derweil ich schnauf,
schob nie sein Weib den Berg hinauf.

Bisweilen blitzt sogar Existenzialismus auf:

Wir dachten schon, wir drehen ab.
Mutter macht schlapp.
Vater klappt ab.
Ich wollte in'n Pub.

Immer wieder, Seite für Seite: Freude und Stolz über den Sieg, Schritt für Schritt errungen gegen den inneren Schweinehund. Und dann, Trommelwirbel im inneren Ohr, die Belohnung: »Die Krönung herrlicher Sommerferien war dieser aussichtsvolle Berg«, altklügelt ein 12-jähriger Teenager; und manch einer muss, im Wortsinne, noch eins drauf setzen wie ein »Bergdeifi« aus Augsburg: »Haben uns einen Iglu gebaut und die Nacht biwakiert. Sind ja auch Extremsportler.«
Extremisten auf 1888 Meter Höhe? Was extrem ist, muss jeder selbst für sich ausloten. Sieg ist subjektiv und trotzdem auch ein universelles Labsal: »Nach einem sehr harten Kampf mit mir selbst habe ich es geschafft« das reimt sich gut zusammen:

Zwei Stunden Aufstieg an einem Stück,
belohnt durch Gipfelglück.

Jawohl, das Leben ist gerecht. Wer sich müht, bekommt – sofern nicht gerade strafende Wolkenschleier verhängt werden! – den erhofften, den verdienten Lohn. Und der heißt: *Aussicht!* Ein Wort übrigens, das es erst seit dem 18. Jahrhundert in der Bedeutung von Panorama-Überblick gibt. Das ist verständlich: Für etwas, was lange nicht der Rede wert war, brauchte man kein eigenes Wort; Berg(lust)wanderer waren ja für einheimische Alpenbewohner lange nichts anderes, als komische Vögel – etwa so lange, bis offenbar wurde, dass man sich ganz gut und nachhaltig von ihnen ernähren kann. Wer indes weiterhin in knochenschmirgelndem Tagwerk am steilen Almen heuen musste, für den blieben Bergwanderer so befremdlich wie Schlafwandler. Zumal die Knickerbocker- und Haferlschuh-Heere auch noch schwitzend und bisweilen jammernd zu Kreuze krochen.

Von Lustqual und Angstlust (Gehen über Schwindel erregenden Grat immer ein Schritt neben dem Todes-Fall) säuseln die Gipfelbücher von Berchtesgaden bis Bozen: »Schaurig schön!« Oder wahlweise auch im Jugend-Slang: »Heftig, aber geil!«

Und manchmal finden sich im Talmi der Lyrismen sogar echte Perlen.

Ziele nach dem Mond.
Verpasst du ihn,
findest du dich
zwischen den Sternen.

Der Weg über dich selbst hinaus ist die gebräuchlichste Metapher in dünnerer Luft und hier sind wir wieder dicht bei Nietzsche: Selbstertüchtigung! Und nach dem Aufstieg das Glück. Fast genauso häufig die Motive: Tod und Unendlichkeit. Oder: Näher zu Dir, mein Gott!

Und wenn es schon um die existenziellen Dinge geht, also um die Grundnahrungsmittel der Literatur, dann darf natürlich der eigentliche Bringer nicht fehlen: die Liebe. Gipfel scheint anzuregen. Ein Anonymus zotelt: »Ich komme gern. Besonders am Berg.« Ein anderer schreibt romantisch/ironisch:

Ich habe für Martina
die Trollblumen gezählt:
234 828

Ein Liebhaber aus Wesel am Rhein beteuert, diese Aufstiegstortur sei ein Liebesbeweis für die Liebste »[…] aber kann sie das auch ermessen?« Selbstironische Reflexionen unter dem Motto »Warum tue ich mir das eigentlich an?«, finden sich immer wieder in Bergbüchern, wie: »Mein innerer Schweinehund liegt unter dem Gipfel-Geröllfeld. Liegen lassen!«

Doch vielen, den allermeisten, reicht das schlichte Selbstzeugnis. Das: Ich-war-hier. Namenszug, Datum, fertig. Berge als kleine Ausrufezeichen im Lebenslauf durch die Ebenen. Signaturen auf den Seiten für persönliche Mythologie. Kleine Siegerurkunden, die man sich selbst ausstellt. Freudige Erst-Besteigungen. Denn: Erst besteigt man, dann freut man sich.

Register

Literatur

ALBUS, MICHAEL: Wohnungen der Götter. Heilige Berge. Kreuz Verlag, Stuttgart, Zürich 2002

BÄTZING, WERNER: Die Alpen. Entstehung und Gefährdung einer europäischen Kulturlandschaft. C.H. Beck, München 1991

BAUMANN, PETER W.: Die Alpen Gämse. Ein Leben auf Gratwanderung. Ott Verlag, Thun, 2004

BAYERLE, GEORG (HRSG): Lesespuren im Gebirge. Verlag Tobias Dammheimer, Kempten 2003

BIBIKOW, DIMITRIJ I.: Die Murmeltiere der Welt. Spektrum der Wissenschaft, Magdeburg 1996

BODINI, GIANNI: Menschen in den Alpen. Arbeit und Brot. Rosenheimer Verlagshaus, Rosenheim 1991

DAMILANO, FRANÇOIS UND GARDIEN, CLAUDE: Faszination Berge. Das Handbuch für Bergfreunde und Alpinisten. Bruckmann, München 1999

DANESCH, EDELTRAUD UND OTHMAR: Zauber und Schönheit der Alpenblumen. Fink/Kümmerli und Frey, Ostfildern 1981 (Erstausgabe bei Ringier)

Die Alpen (Entstehung, Geschichte ...), Penguin Verlag Innsbruck und Umschau Verlag, Frankfurt am Main 1994

ENGEL, FRITZ-MARTIN: Die Planzenwelt der Alpen. Magnus Verlag, Kettwig 1987

GEO SPECIAL (6.12. 2004): Die großen Berge der Erde

GERKE, HANS (HRSG): Der Berg (in der Bildenden Kunst). Heidelberger Verlag, Heidelberg 2002

GEROSA, KLAUS: Das karge Leben. Vom harten Los der Bergbauern Südtirols. Rosenheimer Verlagshaus, Rosenheim 1988

GESNER, CONRAD: Thier Buch. Nachdruck der Ausgabe von 1669, Schlütersche Verlagsanstalt, Hannover 1983

GIGON, FERNAND: Geschichte und Geschichten der Alpenpässe. Mondo Verlag, Lausanne 1979

GLAUSER, PETER UND SIEGRIST, DOMINIK: Schauplatz Alpen. Gratwanderung in eine europäische Zukunft. Rotpunktverlag, Zürich 1997

GOHL, ROLAND: Auf steilen Schienen in die Berge. Verlag J. Berg, München 1992

GRATZL, KARL: Mythos Berg. Lexikon der bedeutenden Berge aus Mythologie, Kulturgeschichte und Religion. Verlag Brüder Hollinek, Purkersdorf 2000

GÜNTHER, DAGMAR: Alpine Quergänge. Kulturgeschichte des bürgerlichen Alpinismus (1870–1930). Campus, Frankfurt und New York 1998

HAID, HANS: Mythos und Kult in den Alpen. Rosenheimer Verlagshaus, Rosenheim 2002

HUBATSCHEK, ERIKA: Bauwerk in den Bergen. Wort und Welt Verlag, Innsbruck 1987

KLAUß, JOCHEN: »Der du reisest, sei auf der Hut«. Hain Verlag, Rudolstadt 1996

Lebendige Wildnis. Tiere der Gebirge. DAS BESTE, Reader's Digest, Stuttgart/Zürich/Wien 1990/91

LINDGREN, UTA: Alpenübergänge von Bayern nach Italien (1500 bis 1850). Hirmer Verlag/Dt. Museum, München 1986

MCINTYRE, LOREN A.: Die amerikanische Reise. Auf den Spuren von Alexander von Humboldt. GEO/Gruner und Jahr, Hamburg 1990

MCNEIL, GEORGE: Wohnstätten der Götter. Verlag Werner Dausien, Hanau 1992

MORAVETZ, BRUNO (HRSG): Das Große Buch der Berge. Weltbild Verlag, Augsburg 1993

POSER, MANFRED: Phantome der Berge. Der Yeti, Feen und viele Geister. Eulen Verlag, Freiburg i.B. 1998

PRICE, LARRY W.: Mountains and Man. University of California Press, London (England) 1981

SCHEIBENPFLUG, HEINZ: Berge um uns. Büchergilde Gutenberg, Berlin 1939

SCHEMMANN, CHRISTINE UND KARLHEINZ: Wallfahrten im Gebirge. Verlag J.Berg, München 1991

SCHEMMANN, CHRISTINE: Pioniere, Abenteurer und Mäzene. Ostdeutschlands Beitrag zur Eroberung der Alpen. Verlag Gerhard Rautenberg, Leer 1988

SCHEMMANN, CHRISTINE: Schätze und Geschichten aus dem Alpinen Museum Innsbruck, Bergverlag Rudolf Rother, München 1987

SCHEMMANN, CHRISTINE: Wolkenhäuser. Alpenvereinshütten in alten Ansichten und ihre Geschichte. Hugendubel, München 1983

SCHMIDT, AUREL: Die Alpen. Schleichende Zerstörung eines Mythos. Benziger Verlag, Zürich 1990

SCHNEIDER, WERNER UND PFLANZER, HELLA UND ERIK: Brauchtum und Feste in Österreich, Pinguin Verlag, Innsbruck 1985

SCHNEIDER, WOLF UND MANGOLD, GUIDO: Die Alpen. GEO/Gruner und Jahr, Hamburg 1989

SEITZ, GABRIELE: Wo Europa den Himmel berührt. Artemis Verlag, München 1987

STEPHENS, REBECCA: Hochgebirge. Gerstenberg Verlag, Hildesheim 2001

VEIT, HEINZ: Die Alpen – Geoökologie und Landschaftsentwicklung. Verlag Eugen Ulmer, Stuttgart (Hohenheim) 2002

WELLMANN, ANGELIKA (HRSG): Was der Berg ruft. Das Buch der Gipfel und Abgründe. Reclam Verlag, Leipzig 2000

ZEBHAUSER, HELMUTH UND DEUTSCHER ALPENVEREIN (HRSG): Frühe Zeugnisse (Dante, Petraca, Gesner ...). Bruckmann, München 1986

ZEBHAUSER, HELMUTH: Alpinismus im Hitlerstaat. Bergverlag Rother, München 1998

Bildnachweis

Albertina Museum Wien: S. 173
Alpine Club, London: S. 147
Alpines Museum Innsbruck: S. 59, 108, 109, 139, 146, 148, 169, 171
Archiv für Kunst und Geschichte / akg-images, Berlin: S. 8, 13, 24, 34, 39, 46, 65, 78, 115, 126, 130, 150, 154, 162, 163, 176, 180; Slg AKG/Archie Miles: S. 57; akg-images/Johannes Brandste: S. 73; akg-images/Jean-Paul Dumontier: S. 179; akg-images/Erich Lessing: S. 38, 40, 60, 167, 170
Archives Charmet/Bridgeman.com: S. 86
Artografika/Andreas Rose: S. 85
Artothek: S. 117, 119
Aura Fotoagentur: S. 121, 122
Baumeister, Oswald: S. 67, 68, 69
Bayrische Staatsbibliothek: S. 165
Bibliotheca Apostolica Vaticana: S. 164
Bibliothek des DAV: S. 14, 52, 113, 134, 125
Bildagentur Waldhaeusl: S. 161
Bildagentur-online/Chromorange: S. 185
Bleistiftzeichnung Leonardo da Vinci: S. 49
Bridgemanart.com: S. 55
Cinetext Bild- und Text-Archiv GmbH: S. 177
Deutsches Museum: S. 15
Gartenlaube 1911, 1. Bd.: S. 71, 77, 136, 143, 160
Gartenlaube 1911, 2. Bd.: S. 133
Gartenlaube 1913, 2. Bd.: S. 27, 174
Gemeinde Hanstedt: S. 12
Geo/Eine Amerikanische Reise: S. 50
Gesner, Konrad: S. 51, 52, 81, 82, 84, 88, 95
Getty Images/Mike Powle: S. 129
Haag + Kropp/mauritius-images: S. 66
Images2d.com – Bildagentur: S. 43
Interfoto Pressebildagentur – Bildarchiv: S. 17, 32, 33, Müller-Brunke: S. 101; Schär: S. 105
Keaton, David/Corbis: S. 63
Kohlhaupt/mauritius-images: S. 103
Lieckfeld, Claus-Peter: S. 183
London Illustrated News/bridgemanart.com: S. 37
Lucas, Bruno/Superbild: S. 98
Murenwald, Hansjörg: S. 23, 106
Panther Media GmbH: Peter W. Rind: S. 94; Michael Stockhausen: S. 1; Sonja Wittke: S. 22
Pega/mauritius-images: S. 30
Perscheid, Martin/Bullspress: S. 97
Powell, Mike/Gettyimages: S. 129
PTT Museum Bern: S. 110
Reusse, Michael: S. 2, 3, 10, 45, 75, 187
Rommelt/mauritius-images: S. 44
Rose, Annette: S. 16
S.P. Gillette/Corbis: S. 62
Sammlung Schloss Windsor Castle: S. 49
Scheuchzer, Johann Jakob: »Beschreibung der Natur-Geschichten des Schweizer Landes«, I, 1706: S. 51
Staatliche Münzsammlung, München: S. 112
Swiss Pictures. Drawn with Pen and Pencil. The Illustrations by Mr. E. Whymper and others. London o. J.: S. 125
Tourismusverband Kyffhäuser e.V.: S. 35
TV Yesterday: S. 175
Verlag Karl Baedeker GmbH: S. 158
Weis, Peter: S. 31
Wheeler, Nik/Corbis: S. 21
Wier, Nevada/Corbis: S. 41
Wothe, K./Arco Digital Images: S. 29
www.fotonatur.de: S. 90, 92
Yamashita, Michael S./Corbis: S. 42

Bibliographische Information der Deutschen Bibliothek

Die Deutsche Bibliothek verzeichnet diese Publikation in der Deutschen Nationalbibliographie; detaillierte bibliographische Daten sind im Internet über http://dnb.ddb.de abrufbar.

BLV Buchverlag GmbH & Co. KG
80797 München

Grafik S. 18: Jörg Mair, Herrsching

Umschlaggestaltung: Anja Masuch, Puchheim b. München
Umschlagfotos:
Vorderseite: oben: Mauritius; unten: akg-images; Einklinker: Manfred Danegger
Rückseite: (v.l.n.r.): David Keaton/Corbis; akg-images; Bayer. Staatsbibliothek

Lektoratsleitung: Sabine Schulz
Lektorat: Annette Rose
Herstellung: Angelika Tröger
Layoutkonzept Innenteil: Greenstuff Design, München
Layout und Satz: Uhl + Massopust, Aalen

Gedruckt auf chlorfrei gebleichtem Papier

Printed in Germany
ISBN-10: 3-405-16890-2
ISBN-13: 978-3-405-16890-2

Faszination Alpinismus

Thomas Huber
Ogre – Gipfel der Träume
Die Geschichte des Ogre, die Erstbesteigung, die gescheiterten Expeditionen, die erfolgreiche Expedition von Thomas Huber und seinem Team im Jahr 2001. Mit Beiträgen von Chris Bonington, Reinhold Messner, Hans Kammerlander und anderen bekannten Bergsteigern.
ISBN 3-405-16374-9

Richard Sale / John Cleare
On Top of the World
Spannende Berichte mit brillanten Fotos: die Achttausender und ihre Erschließungsgeschichte, die Erstbesteigungen, die Begehungen auf verschiedenen Routen und die Schicksale der einzelnen Expeditionsteilnehmer.
ISBN 3-405-16039-1

Reinhold Messner
Mount Everest
Messners Hommage an einen Mythos: die Everest-Erstbesteigung 1953, Messners Everest-Expedition 1978 – mit Original-Tonaufnahmen vom Aufstieg auf CD, die Analyse des Everest-Dramas 1996, die aktuelle Chronik mit allen Gipfelbesteigungen bis 2002.
ISBN 3-405-16466-4

Ernst Vogt / Stefan Frühbeis / Andrea Zinnecker / Florian Bihler / Thomas Hainz
Südtirol – das etwas andere Wanderbuch
Wandern und mehr – der Erlebnisführer der neuen Art: 55 Touren für die ganze Familie, gegliedert in sechs Regionen, mit Gastronomie-Empfehlungen, Tipps für Kids, Kulturtouren, Geschichte und vielem mehr.
ISBN 3-405-16628-4

Doris Laudert
Mythos Baum
Die wichtigsten mitteleuropäischen und mediterranen Gehölzarten in ausführlichen Porträts sowie die Kulturgeschichte der Bäume mit vielen Abbildungen und Details: der Baum in Geschichte, Mythologie, Religion, Brauchtum usw.
ISBN 3-405-16640-3

Reinhold Messner
Vertical
100 Jahre Kletterkunst
Alpingeschichte zum Nacherleben: die Entwicklung des Felskletterns bis zum Hochleistungssport von heute; die Pioniere der Kletterkunst – ihr Stil, ihre Lebenseinstellung, ihre Motivation; mit Beiträgen bekannter Kletterer und vielen, teils historischen Fotos.
ISBN 3-405-16420-6

Bernd Ritschel / Lars Schneider
Outdoor Dreams
Animation und Inspiration für Outdoor-Fans – brillante Fotos und spannende Reiseberichte: ausgewählte Trekking-Touren in Norwegen, Schweden und Finnland, in der Schweiz, in Griechenland, Marokko, Nepal, Indien, Australien, USA, Kanada, Bolivien und Chile.
ISBN 3-405-16617-9